电子封装技术设备操作手册

李　红　主编

王扬卫　石素君　副主编

清华大学出版社

北　京

内 容 简 介

本书以电子封装工艺为主线，按照电子封装工艺的前道封装与后道封装，分成了半导体芯片封装测试篇和电子器件组装返修篇，较详细地介绍了关键封装工艺所对应的设备的基本知识。半导体芯片封装测试篇中，第 1 章重点介绍了电子封装传统工艺——芯片互联工艺用到的各种芯片引线键合设备以及电子封装先进工艺——倒装焊工艺用到的倒装焊设备。第 2 章介绍了器件在完成芯片互联后，进行气密性密封保护的封装设备。第 3 章介绍了封装性能评价设备，包含进行形貌测试的台式扫描电镜、进行焊点强度测试的推拉力测试设备等常用设备。电子器件组装返修篇以电路板的制作以及电子组装 SMT 工艺为基础，第 4 章介绍了制造印刷线路板的两种不同工艺过程所用到的设备，包含线路板刻制机、热转印机、曝光机、金属孔化箱等。第 5 章介绍了电子组装 SMT 工艺中所用到的，可在印刷线路板上进行丝网印刷、元器件贴装、元器件焊接返修等的设备。

本书可供微电子封装技术领域的企业技术人员参考，同时也可供微电子封装技术专业或者相关学科方向的高等院校师生参考使用。

图书在版编目（CIP）数据

电子封装技术设备操作手册 / 李红主编. —北京：清华大学出版社，2021.3
ISBN 978-7-302-57613-6

Ⅰ．①电… Ⅱ．①李… Ⅲ．①电子技术—封装工艺—技术手册 Ⅳ．①TN05-62

中国版本图书馆 CIP 数据核字（2021）第 033655 号

责任编辑：贾小红
封面设计：王津濡
版式设计：文森时代
责任校对：马军令
责任印制：沈　露

出版发行：清华大学出版社
网　　址：http://www.tup.com.cn，http://www.wqbook.com
地　　址：北京清华大学学研大厦 A 座　　　　邮　　编：100084
社 总 机：010-62770175　　　　　　　　　　邮　　购：010-62786544
投稿与读者服务：010-62776969，c-service@tup.tsinghua.edu.cn
质量反馈：010-62772015，zhiliang@tup.tsinghua.edu.cn
印 装 者：小森印刷霸州有限公司
经　　销：全国新华书店
开　　本：185mm×260mm　　　　印　　张：7　　　　字　　数：170 千字
版　　次：2021 年 4 月第 1 版　　　　　　　　印　　次：2021 年 4 月第 1 次印刷
定　　价：29.00 元

产品编号：091573-01

目　　录

半导体芯片封装测试篇

电子器件组装返修篇

半导体芯片封装测试篇

第1章　芯片互联工艺仪器设备

1.1　多功能键合机操作规程

1.1.1　仪器的基本原理

多功能键合机是将芯片上的焊盘和引线框架上的焊盘在压力、超声、温度等的作用下，用金属丝连接的一种焊接方式，它是半导体生产线上后封装工序的关键设备，该设备 XYZ 三轴联动操作，手柄采用多轴独立电动刹车的方式制动，通过过程控音圈电机实现焊接压力在线调整，从而实现压力的控制。

1.1.2　仪器的基本结构

多功能键合机主要包括控制器、控制面板、系统软件、键合头、操作手柄、升降工作台、显微镜、加持台、照明灯等，如图 1-1 所示。

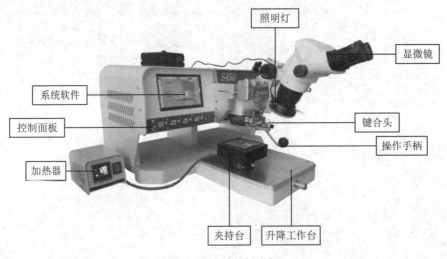

图 1-1　多功能键合机

1.1.3　仪器的操作规程

1. 开机

开机后，设备进行初始化，即"主控模块初始化通过"→"温控模块初始化通过"→

"送线模块初始化通过"→"参数加载通过"→"超声模块初始化通过"→"打火模块初始化通过"。

📢 注意：

初始化过程中勿触碰键合头。

2. 显微镜调整

（1）通过调整锁紧钮 A，调整显微镜左右扭转角度，使显微镜与上下调整导轨的运动方向垂直，锁紧锁紧钮 A，如图 1-2 所示。

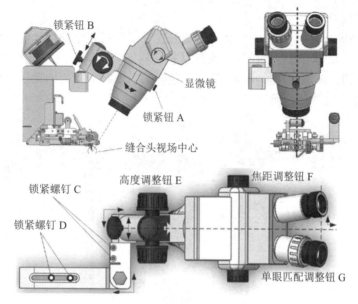

图 1-2 显微镜调整辅助说明图

（2）调整显微镜左右扭转角度：松开锁紧钮 B，将显微镜支撑圈环架转动至与设备方向垂直，并锁紧锁紧钮 B。

（3）调整左右对正：松开两颗锁紧螺钉 C，调整显微镜与键合头左右对正。

（4）根据坐姿调整上下扭转角度，保持显微镜左右位置，并调整显微镜上下扭转角度至操作人员舒适位置，并锁紧锁紧螺钉 C。

（5）调整视场前后距离中心：松开锁紧螺钉 D，打开光源，并通过目镜观察显微镜视场，调整显微镜前后距离，使劈刀头保持在视场前后中心，并锁紧锁紧螺钉 D。

（6）调整显微镜焦距：配合调整调整钮 E、F，将显微镜显示效果调整至工作状态。（以右眼为准）

（7）调整左右目镜平衡：根据操作人员左右眼睛视力差距，调整调整钮 G，使操作人员左眼视觉效果调至清晰。

3. 工作台自由高度调整

打开设备上侧盖板，露出键合头自由高度调整旋钮，根据操作高度，旋转旋钮至适宜高度即可。

📢 **注意:**

劈刀头高度过低或者过高会使操作人员疲劳,劈刀头高度过低还会增加劈刀撞断的概率。

4．劈刀安装

（1）球焊劈刀安装。

① 用带扭力套筒的力矩扳手松开换能器头部侧面的螺钉,不用取下。

② 用镊子夹住劈刀的中部位置,缓缓从换能器下侧将劈刀插入换能器的劈刀安装孔。

③ 保持劈刀上部顶端与换能器平齐后,用 18cN·m 的力矩锁紧螺钉。

（2）楔焊劈刀安装。

① 用带 0.89mm 六角扳手的力矩扳手松开换能器头部正面的顶丝,不用取下。

② 用镊子夹紧劈刀的中部位置,缓缓从换能器下侧将劈刀插入换能器的劈刀安装孔。

③ 保持劈刀上部顶端与换能器平齐后,使劈刀的安装平面面向顶丝一侧,用 16cN·m 的力矩锁紧顶丝,如图 1-3 所示。

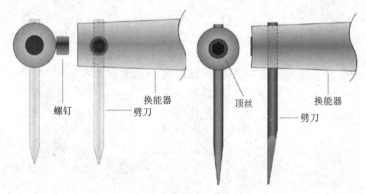

图 1-3　劈刀安装图

5．打火针调整

（1）松开固定螺钉 B,将打火针调至最低位置,并暂时固定固定螺钉。

（2）使用控制面板的"摆臂"按钮,将打火针螺线管定位。

（3）松开固定螺钉 A,转动打火针绝缘支臂,将打火针头部平面的左右中心与劈刀尖对齐。

（4）保持绝缘支臂的左右位置,只旋转绝缘支臂,将打火针头部平面的前后中心与劈刀尖对齐,锁紧螺钉 A。

（5）松开固定螺钉 B,上下移动打火针,调整打火针与劈刀距离为 0.6~0.8mm,锁紧螺钉 B。

（6）使用控制面部的"摆臂"按钮,复位打火针螺线管。

（7）使用控制面部的"摆臂"按钮,定位打火针螺线管,观察打火针位置是否准确。如仍有偏差,再微调。

📢 **注意:**

① 打火针与劈刀头距离过大会导致烧球成功率下降,过小会增加短路概率。

② 如打火针与劈刀前后方向存在偏差，会造成金属球偏心。

③ 重新安装劈刀后，检查打火针的位置并调整，如图 1-4 所示。

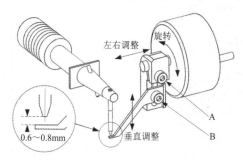

图 1-4　打火针调整

6．线夹调整

（1）90°线夹调整（见图 1-5）。

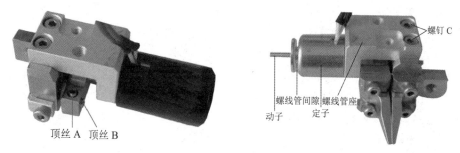

图 1-5　90°线夹间隙调整说明

① 松开顶丝 A，不用取下。

② 顺时针拧动顶丝 B，减小夹线面的夹线间隙，反之，则增大。间隙大小一般设置为焊丝直径的 2～3 倍，拧紧顶丝 A。

③ 按住顶丝 B 处，使夹线面打开，用塞尺检测夹线间隙是否正确。如果未达到合适间隙，重复步骤①～③。

④ 使用控制面板的线夹功能，使线夹打开。

⑤ 松开螺钉 C，不用取下，按压螺线管动子，使动子与定子贴合，锁紧螺钉 C。

⑥ 使用控制面板的线夹功能，使线夹关闭、打开，用塞尺检测夹线间隙是否正确。如果未达到合适间隙，重复步骤⑤～⑥。

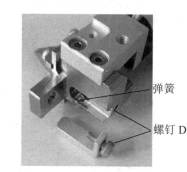

图 1-6　线夹夹紧力调整

⑦ 夹紧力调整（见图 1-6）。拧松弹簧更换处的螺钉 D，并将压片取下，取出弹簧，更换弹簧后，放上压片并锁紧螺钉 D。

（2）45°线夹调整（见图 1-7）。

① 松开螺钉 E，使螺线管定子可以左右移动，不用取下；松开顶丝 G，不用取下。

② 顺时针拧动顶丝 H，减小夹线面的夹线间隙，逆时针拧动顶丝 D，增大线面的夹线

间隙。间隙大小一般设置为焊丝直径的 2～3 倍，拧紧顶丝 G。

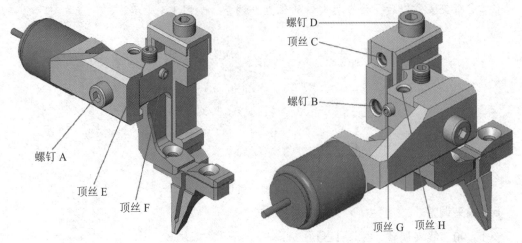

图 1-7　45°线夹及夹紧力调整

③ 按压螺线管动子，打开线夹，用塞尺检测夹线间隙是否正确。

④ 使用控制面板的线夹功能，使线夹处于打开状态。

⑤ 松开螺钉 E，不用取下，按压螺线管动子，使动子与定子贴合，锁紧螺钉 E。

⑥ 使用控制面板的线夹功能，使线夹关闭，再打开，用塞尺检测夹线间隙是否正确。

⑦ 夹紧力调整（弹簧调整）。拧松顶丝 F，不用取下，顺时针拧动顶丝 E，增大加紧力，反之则减小。

7. 线径调整

（1）90°楔焊送丝方式。

① 松开线夹的固定螺钉，调整线夹的上下/前后位置，使线夹缝对齐劈刀孔，并且使夹线面下沿与劈刀口的垂直距离约为 3mm，再固定锁紧螺钉。

② 松开顶丝 A，不用取下，前后移动过线管支臂，使过线管与劈刀孔在前后方向上对正，并保持过线管是竖直的，再锁紧顶丝。

③ 松开螺钉 B，不用取下，左右移动过线管支臂，使过线管与劈刀孔在左右方向上对正，锁紧螺钉，如图 1-8 所示。

（2）90°球焊送丝方式（见图 1-9）。

① 松开线夹的固定螺钉，调整线夹的上下/前后位置，使线夹缝对齐劈刀孔，并且使夹线面下沿与劈刀口的垂直距离约为 3mm，再固定锁紧螺钉。

② 松开顶丝 E，不用取下，左右移动过线管支臂，使过线管与劈刀孔在左右方向上对正，并锁紧顶丝。

③ 松开螺钉 D，不用取下，前后移动过线管支臂，使过线管与劈刀孔在前后方向上对正，保持过线管是竖直的，锁紧螺钉。

（3）45°送丝方式。

① 松开螺钉 B，不用取下，调整线夹的上下位置，使线夹尖距劈刀尖的垂直距离为 0.6～0.8mm，锁紧螺钉 B。

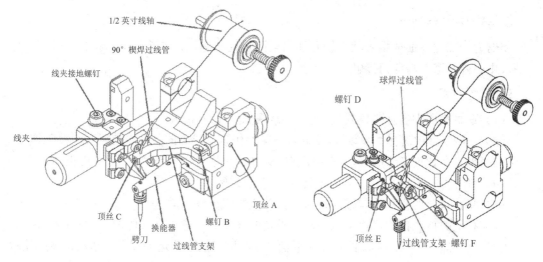

图 1-8　90°线径调整说明

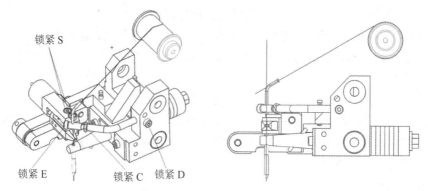

图 1-9　90°球焊送丝说明图

② 拧松顶丝 C、D，不用取下，将线夹移动到最左侧位置，轻微锁住螺钉 D。

③ 边拧转顶丝 C，边观察劈刀尖与线夹尖的左右位置关系，达到合适位置后，锁紧螺钉 D，如图 1-10 所示。

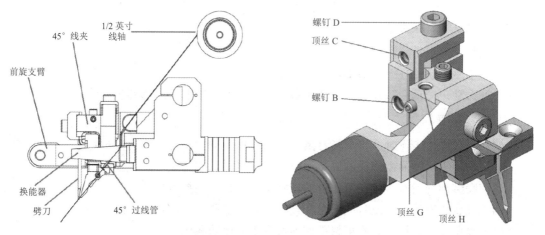

图 1-10　45°线径调整说明

8. 劈刀加热丝调整

将劈刀加热丝弯曲成螺旋状，松开加热丝固定处的螺钉，调整其前后位置，使劈刀位于螺旋中心处，避免与劈刀接触。

9. 球焊过程

（1）在触摸屏中选择"模式"，选择"常规二焊"。

（2）在触摸屏中选择"参数"，设定第一焊点和第二焊点的参数数值以及焊接配置等。

（3）焊点参数设定完成后，在触摸屏中选择"焊接"，确认焊点参数是否正确。

（4）打开温控器开关，设定加热温度并开始加热。

（5）将待键合的样品放置在加持台上，并通过固定螺钉固定。

（6）打火烧球。控制操作手柄抬高到设定的高度后，进行打火烧球。

（7）第一焊点寻点。通过控制操作手柄，控制劈刀的水平运动和上下运动，寻找并对准第一个焊盘。

（8）劈刀继续往下运动，在第一个焊盘上进行焊接。

（9）成弧。焊接完成后，线夹打开，操作手柄斜向上方移动，拉出金属丝，形成弧度。

（10）第二焊点寻点。通过控制操作手柄，控制劈刀的水平运动和上下运动，寻找并对准第二个焊盘。

（11）劈刀继续往下运动，在第二个焊盘上进行焊接。

（12）断丝。焊接完成后，线夹关闭，夹住金属丝向上运动，使金属丝在第二焊点处拉断。

（13）留尾丝。断丝完成后，斜向上方移动操作手柄，劈刀离开第二焊点后，线夹夹住金属丝向下运动，形成线尾。

10. 楔焊过程

如球焊过程（球焊过程去掉第 4 步设定温控器温度以及第 6 步打火烧球）。

1.1.4　仪器使用注意事项

1. 使用环境、条件

（1）温度：正常室温下（15～30℃）。

（2）湿度：30%RH～60%RH。

（3）振动：振动会对设备精度及设备使用效果产生影响，应远离振动源。

2. 注意事项

（1）设备停止工作时，将夹具移离工作台，以免劈刀头部碰到夹具损坏。

（2）勿用手碰触显微镜头，以免污染。不使用时，用防尘罩罩住显微镜。

（3）在装卸劈刀时，应在工作台放置软垫，以免劈刀掉落损坏。

（4）设备关机后，应及时关闭温控设备，禁止触碰加热部件，以防高温烫伤。

（5）设备工作过程中，不可将手伸入设备中，以防触电。

1.2　超声波铝丝焊线机操作规程

1.2.1　仪器的基本原理

超声波铝丝焊线机是精密线路板后道工序（COB）的焊接生产设备，其主要应用于数码管、点阵、集成电路软封装、厚模集成电路、晶体管等半导体器件内引线的焊接，手动铝丝楔焊机的焊头架采用垂直导轨上下的运动方式（Z 向运动），二焊移动（跨距）通过焊头架水平导轨运动（Y 向运动）来实现，可以实现数字控制仪器焊线高度、拱丝高度、跳线距离。

焊接过程中利用键合设备，通过施加压力、机械振动、电能等不同能量在铝丝与焊盘界面处，形成连接接头，进行焊接。

1.2.2　仪器的基本结构

超声波铝丝楔焊机的主要结构包括底座、箱体、头动、焊接头、操纵系统、工作台、显微镜及控制电路等部分，如图 1-11 和图 1-12 所示。超声波功率、焊接时间及压力、一焊、二焊瞄准高度及跨度、拱丝高度、照明灯等各种参数均由置于控制面板上的旋钮调节。焊头安装在头动机构上，其前后、上下运动采用精密的步进电机驱动，是焊接的主要部件，也是整个焊接机的核心机构。焊头由电机、换能器、线夹组件、八孔弹片、焊头接板和压力线圈等零件组成，如图 1-13 所示。其中换能器的作用是将电能转换为机械能进行焊点的焊接，其参数由控制面板左面板上的超声波功率、焊接时间旋钮设定。

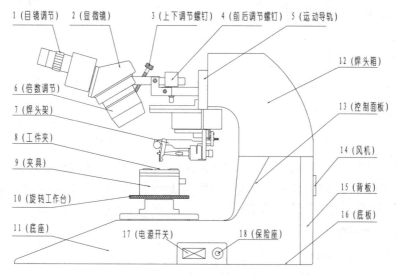

图 1-11　主机部分

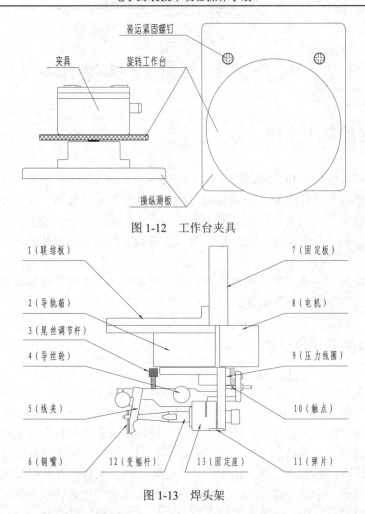

图 1-12　工作台夹具

图 1-13　焊头架

1.2.3　仪器的操作规程

1. 仪器操作前准备工作

（1）将配件袋的右线夹（左线夹固定在焊头架上）取出，放好。注意，线夹的左右夹线端面要紧密贴合，否则会造成送丝和断丝不畅，影响焊接质量。

（2）安装钢嘴。松开钢嘴螺钉，从下往上插入钢嘴，用对刀块将其安装到变幅杆上，如图 1-14 所示。

（3）放置铝线。使用小卷铝线（Φ12.7mm）的可以直接将铝线筒放入导丝轮中；使用大卷铝线（Φ48.5mm）的可以放在焊头箱右侧的线筒座上，在线筒座中央插入玻璃导丝管，让导丝管的大圆端面伸出铝线筒约 15mm，然后盖好丝筒罩。

2. 仪器操作过程

（1）打开电源，开机。

（2）同时按下操纵盒的"操纵"键和"复位"键 3s 以上，焊头架自动复位到原始位置。

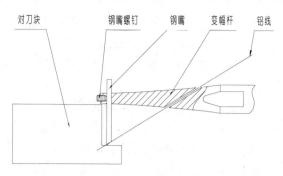

图 1-14　钢嘴安装

（3）将待焊接样品放在夹具上，再把夹具放在旋转工作台上。

（4）移动操纵盒，使钢嘴对准焊接样品，按一下"操纵"键后松开，焊头架下降，钢嘴碰到焊接样品后回归零位，完成工作高度的自动检测。

3.　一、二焊焊接过程（见图 1-15）

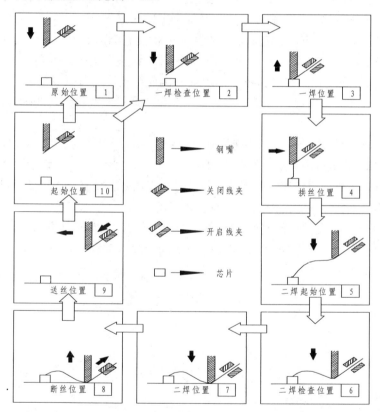

图 1-15　焊接过程

（1）第一焊点焊接。按下主操作键，焊头下降到一焊瞄准高度，瞄准一焊点。

（2）松开主操作键，焊头以稍慢的速度下降，劈刀触及一焊电极，动触点打开，压力电磁铁通电。劈刀在预设的压力和超声功率下，将铝丝与一焊电极产生键合，在达到一焊超声设定时间后，完成一焊焊接。压力电磁铁断电，线夹电磁铁通电，线夹张开，焊头上升，动触点闭合，焊头上升到拱丝位置，水平方向（Y 轴）步进电机带动焊头到预定的二焊位置，送丝电磁铁通电，以预留出设定的尾丝长度。

（3）第二次按下主操作键，焊头下降到二焊瞄准位置，同时，线夹电磁铁瞬间断电后再通电，线夹快速闭合后张开。

（4）第二次松开主操作键，焊头再次以稍慢的速度下降，劈刀触及二焊电极，动触点打开，线夹电磁铁断电，线夹闭合，压力电磁铁通电，劈刀以预设的压力和超声功率将铝丝与二焊电极产生键合，在达到二焊超声时间后，完成二焊焊接。压力电磁铁断电，断丝电磁铁瞬间通电，扯断铝丝，送丝电磁铁断电，完成送丝动作，焊头上升，动触点闭合，焊头上升回到初始位置，水平方向（Y 轴）电机开始动作，带动焊头回到初始位置，整个工作循环完成。

4. 参数设定

（1）一、二焊检查高度设定。在仪器控制面板的右侧面板上，将开关切换到"手动""高度""设定"位置。在一、二焊的检查位置，显微镜下观察钢嘴距离焊接样品的高度，旋转"调整"旋钮，调至一定高度（约为芯片高度的二分之一）。

（2）弧度（拱丝高度）设定。在仪器控制面板的右侧面板上，将开关切换到"手动""高度"以及"设定"位置。在一焊结束后，旋转"调整"旋钮，改变拱丝高度。

（3）二焊跳距设定。在仪器控制面板的右侧面板上，将开关切换到"手动""跨度""设定"位置。在一焊结束后，旋转"调整"旋钮，即可改变二焊跳线距离，调至适合的跨度。

（4）参数设定完成后，将开关切换到"锁定"位，保持设定的各项参数不变。

（5）"自动/手动"开关及工作模式切换。将"自动/手动"开关切换为"自动"，在一焊结束后，自动完成二焊焊接，称为自动模式。如将该开关切换到"手动"，将自动进行二焊瞄准，需操作按钮完成二焊焊接，称为手动模式。

（6）调节尾丝。根据焊接要求，旋转尾丝调节螺丝。当顺时针方向旋转尾丝调节螺钉时，尾丝减短；当逆时针方向旋转尾丝调节螺钉时，尾丝加长，如图 1-16 所示。

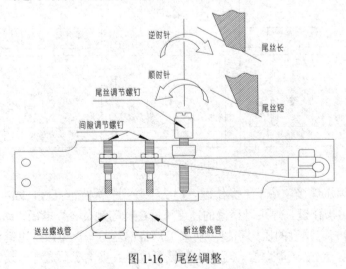

图 1-16　尾丝调整

5．线夹调节

（1）夹紧力调整螺钉。顺时针转，夹紧力增大；逆时针转，夹紧力减少。夹紧力太大容易夹伤铝丝，夹紧力太小，则不能可靠地夹紧铝丝，造成断丝、送丝不可靠。

（2）间隙调整螺钉。顺时针转，夹丝片张开间隙增大；逆时针转，夹丝片张开间隙减小。间隙太大会造成铝丝在线夹中的摆动，造成尾线不稳定；间隙太小会造成出丝不顺或不出丝。

6．调整变幅杆压力

变幅杆施加到焊件上的总压力为静态压力和电磁调节力之和，范围为 15～60g，可通过调节仪器控制面板上右侧面板的压力旋钮来调节压力大小。

7．调整功率及时间

调节左面板上的功率及时间旋钮。根据所需焊点的大小，调节时间、功率。

8．显微镜的调整

（1）设定被视目标物。将显微镜装入显微镜框，装正后拧紧并锁紧螺钉，使显微镜无晃动，然后在工件上任意焊一条线，以此条线为目标物调整显微镜。在调整过程中，注意使目标物位置保持不变。

（2）调整显微镜使目标物在视野的正中。先将两档调节环调至"1×"（注意要转到定位点），通过目镜观察被视物体，可调整左右调节螺钉，改变显微镜左右位置，再调节前后调节螺钉，改变显微镜前后位置，使被视物体在显微镜观察视野的中央。

（3）焦距调整。转动升降手轮，使仪器头部上下移动。当观察物的像出现后，暂闭上左眼，轻微转动手轮，直到右眼的像最清晰为止。

（4）目距调整。用双手稍扳动左右目镜座以改变目距，适于双眼观察的视度调节；暂闭上右眼，旋转左目镜上的视度调节圈，使左眼的像与右眼的像同样清晰。

（5）通过两档调节环将显微镜调到"2×"，再调整显微镜物距，将显微镜调到最清晰状态。

1.2.4　仪器使用注意事项

（1）勿污染显微镜头，以免造成成像模糊，影响焊接。不使用时，装上目镜防尘罩。

（2）仪器左右线夹端面要紧密贴合。

（3）钢嘴安装时，不可用手碰触钢嘴尖端，以免污染钢嘴。

（4）丝筒罩要及时盖好，保护铝丝不受到污染。

（5）设备使用完毕后，要按一下"复位"键，将焊头架抬高，以免因外界震动损坏钢嘴。

（6）夹具放置在旋转工作台时，不可碰到钢嘴。

1.3　LED 共晶机操作规程

1.3.1　仪器的基本原理

LED 共晶机主要用于 LED 封装的共晶工艺，可实现芯片的精确取放，达到良好的共晶焊接效果。仪器吸嘴可进行共晶芯片的吸取和放置，可精确控制加热台工作温度。加热台将焊料及芯片升温至共晶点以上，并进行气体保护，实现共晶焊接过程。

1.3.2　仪器的基本结构

LED 共晶机主要由焊接机头、操纵机构、加热台、温控模块、机架、显微镜固定支架、流量计固定支架等部分组成，如图 1-17 所示。

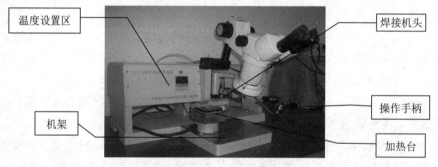

温度设置区　　　　　　　　　　　　　　焊接机头

机架　　　　　　　　　　　操作手柄

加热台

图 1-17　共晶机结构图

1.3.3　仪器的操作规程

（1）打开电源，开机。

（2）将器件放置在加热台上，加热台如图 1-18 所示。通过手压轴将器件夹紧，转动手压轴调节料盘高度，使料盘和加热台处同一高度。

（3）将气管插入氮气接口，打开压缩空气源和氮气源，将调压阀气压调到 0.2MPa 左右，氮气流量调到 4L/min，向加热台台面冲入氮气，形成氮气保护氛围。

（4）调整温控仪面板，如图 1-19 所示。调整"向上调整""向下调整""左右调整"旋钮，调整"当前设定温度"，通过观察"当前台面温度"，确定加热台是否达到设定温度。

（5）松开焊接机头固定螺丝，焊接机头如图 1-20 所示。绕着轴调整吸头支架角度，以调整吸头和工作台面的垂直度。

（6）旋转焊接机头上部的旋钮，调整弹簧的形变量，以调整焊接机头焊接时的焊接压力。

图 1-18　加热台示意图

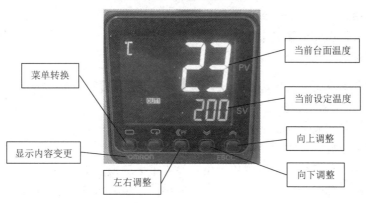

图 1-19　温控仪面板

（7）显微镜支架如图 1-21 所示。松开螺钉 1，旋转件 1，调整显微镜的观察角度。松开螺钉 2，件 2 可前后移动，调整显微镜支架的前后位置。

图 1-20　焊接机头

图 1-21　显微镜支架

（8）移动操作手柄，使吸嘴处于芯片正上方时，按压手柄，使吸嘴接触芯片并使触点断开，听到提示音后，抬起手柄。

（9）移动手柄使吸嘴上的芯片移至器件底座上的焊接处，按压手柄使芯片接触底座，再按触点断开，听到提示音，开始吹气，约几毫秒后，再次听到提示音，吹气完毕。继续按压几秒。

（10）焊接完成后，关闭电源开关。

1.3.4　仪器维护、保养与注意事项

1．维护和保养

（1）设备属精密仪器，使用时应避免突然移动和撞击。

（2）须放置在阴凉、干燥、无灰尘、无酸碱、无蒸气的地方。

（3）避免阳光直射、高温、潮湿、灰尘和震动。

（4）设备表面有污物时，可用中性清洁剂清洗。

（5）设备用完后，务必关掉电源。长期不用时，应拔下电源插座。

（6）设备在使用和运输途中，须小心轻放，严禁倒置。

2．注意事项

（1）当吸嘴在镜面板上吸芯片而没有吸上时，需要先令吸嘴接触没有芯片的地方，把气放掉，再吸芯片，否则容易把镜面板上的芯片吹飞。

（2）当控制面板温控仪上的灯亮起时，吸嘴是处于吸的状态。

（3）焊接完成后，及时关闭电源，以延长热台加热管寿命。

（4）注意保护显微镜镜头，避免污染，不可用手触摸镜头。

（5）在装卸吸嘴时，应在工作台上放一软垫，以免吸嘴落下后被摔坏。

（6）暂停工作时，应将加热台移开工作台，以免吸嘴撞到夹具而损坏。

1.4　倒装焊机操作规程

1.4.1　仪器的基本原理

倒装焊机适用于各类微组装贴片工艺，包括热压、共晶焊、超声焊、热超声焊、胶粘贴片等，也适用于倒装芯片的精密键合。它的贴装头安放在一个旋转摆臂上，对准前轴臂垂直于基底所在的面，裸芯片和基底分别经过物镜放大后，由半透半反棱镜将它们同时聚焦于 CCD 成像，通过叠加的基准标记或是特征来判断对准的情况，由基底所在的平面运动实现对准。对准完成后，光学器件平移到一旁，紧接着摆臂转到基底位置，完成键合。设备的物镜可以根据待装芯片的大小进行更换，能够获得 5μm 的对准精度。

1.4.2　仪器的基本结构

倒装焊机主要由主控制箱、芯片加热控制模块、底部加热控制模块、力臂装置、光学控制模块、适配器、气浮工作平台、计算机及软件等构成，如图 1-22 所示。

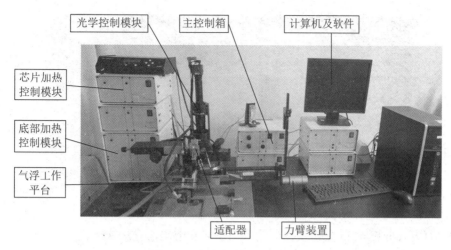

图 1-22　倒装焊机结构示意图

1.4.3　仪器的操作规程

1．开机前准备工作

（1）检查设备是否已经通电。PLACER CONTROL Box（主控制箱）上的 LED 电源指示灯 LINE 是否是亮的，如图 1-23 所示。

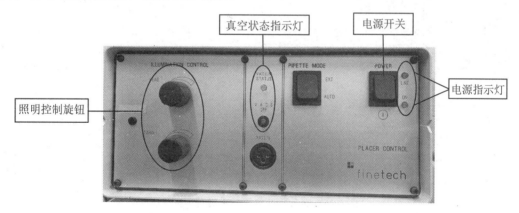

图 1-23　PLACER CONTROL Box（主控制箱）

（2）打开压缩空气和氮气阀门，使气压均为 5.5～7Bar（1Bar=0.1MPa）。

（3）打开设备急停开关。

2．开机

（1）按下 PLACER CONTROL Box（主控制箱）上的电源开关 POWER，打开总电源，ON 指示灯亮，如图 1-24 所示。

（2）打开所有控制箱电源。

（3）启动计算机。

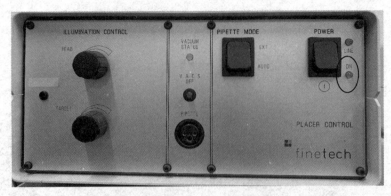

图 1-24　PLACER CONTROL Box

（4）打开 Winflipchip 操作软件，输入用户名和密码，登录软件。

3．设定加热程序

设定加热程序，如图 1-25 所示。

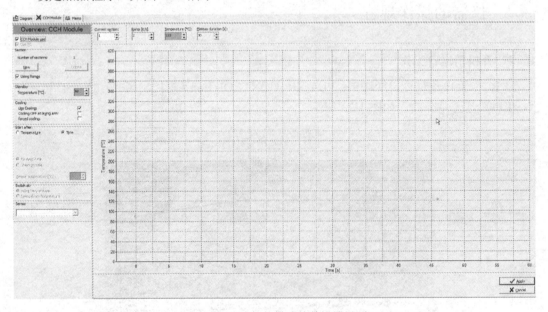

图 1-25　芯片加热模式软件设置界面

（1）登录软件后，单击软件 CCH Module 按钮。

（2）选中 CCH Module use 复选框。

（3）设定加热区间 Current section、加热速率 Ramp、加热温度 Temperature、保持时间 Plateau duration。

（4）设定完成后，单击 Apply 按钮保存。

（5）如果需调用之前保存的数据，则登录软件后，自行打开或通过 File→Open 命令，打开 Open Process data File 对话框，选择对应样品的 Process data file（*.WFCprocess）文件并打开。在快捷工具栏单击右侧的下拉菜单，选择相应的 Profile。

4．真空状态校准

（1）观察设备当前的真空装填，真空状态可通过 PLACER CONTROL Box 上的 LED 真空状态指示灯判断，通常分为以下 3 种状态。

① 绿色、闪烁：吸嘴处真空处于打开状态，吸嘴未吸有芯片。

② 绿色、常亮：吸嘴处真空处于打开状态，吸嘴吸有芯片。

③ 黄色、闪烁：吸嘴处真空处于关闭状态。

（2）如果真空状态不正确，需要重新进行真空校准。

（3）进入 Winflipchip 系统的 Base machine 页面，单击 Calibrate tool 按钮进入校准界面，如图 1-26 所示。

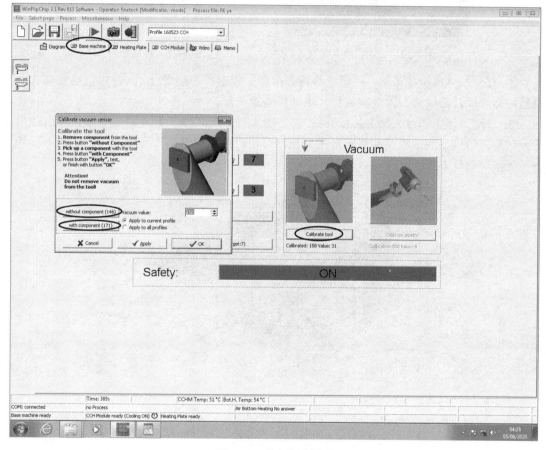

图 1-26　真空校准界面

（4）在确保吸嘴上无芯片的情况下，单击 without component 按钮。

（5）将芯片放在吸嘴上，单击 with component 按钮。

（6）单击 Apply 按钮，然后单击 OK 按钮退出校准界面。

5．焊接过程

（1）取放焊料片。

① 设定产品的 Profile 程序。

② 将所需贴装芯片的相应吸嘴固定在贴装头上。图 1-27 所示为芯片加热吸嘴。

③ 单击 Winflipchip 左侧的真空开关，如图 1-28 所示，将相应的芯片和焊料片载体用真空固定在芯片盒托盘上。

图 1-27　芯片加热吸嘴

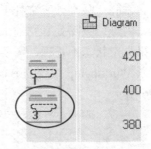

图 1-28　真空开关

④ 打开气体保护腔盖板，将相应的管壳用真空固定在加热平台上，并可根据管壳大小调整腔体导风片的位置。固定完成后，重新将盖板关闭。

⑤ 移动气浮工作台（踩下脚踏开关），如图 1-29 所示，调节照明灯光亮度，最后使用千分尺旋钮微调，完成吸嘴和焊料片的对位，对位时注意调节工作台高度，必须使焊料片表面处于聚焦状态。

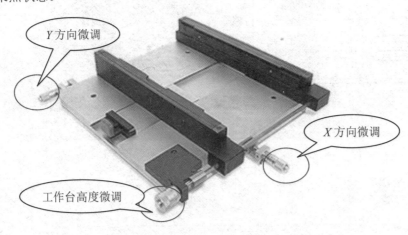

图 1-29　气浮工作台

⑥ 踩下脚踏开关，关闭吸嘴真空，移动右侧力臂装置使吸嘴下降到吸取之处，移动左侧微调旋钮使吸嘴与焊料片接触，踩下脚踏开关，打开吸嘴真空，焊料片被吸取，移动微调旋钮和力臂装置（见图 1-30），使贴片头复位。

⑦ 检查气体保护腔盖板上的窗口是否处于正确的位置，避免吸嘴与盖板相撞。

⑧ 移动右侧力臂和微调装置使贴片头下降，踩下脚踏开关，关闭吸嘴真空，放置焊料片到管壳。

图 1-30　力臂装置

（2）拾取芯片。

① 移动气浮工作台（踩下脚踏开关），并调节照明灯光亮度，使用千分尺旋钮微调，完成吸嘴和芯片的对位。对位时注意调节工作台高度，必须使芯片表面处于聚焦状态。

② 踩下脚踏开关，关闭吸嘴真空，手动移动右侧力臂装置使吸嘴下降到吸取位置，手动移动左侧微调旋钮使吸嘴与芯片接触，踩下脚踏开关，打开吸嘴真空，芯片被吸取，移动微调和力臂装置，使贴片头复位。

（3）焊接芯片到管壳。

① 移动气浮工作台（踩下脚踏开关），并调节照明灯光亮度，再使用千分尺旋钮微调，完成芯片和焊接片的对位。对位时注意调节工作台高度，必须使焊接片表面处于聚焦状态。

② 移动右侧力臂和左侧微调装置使贴片头下降，踩下脚踏开关，关闭吸嘴真空，放置芯片到焊料片上。

③ 单击快捷工具栏上的 Start profile 图标，如图 1-31 所示，运行温度曲线，实现焊接。

图 1-31　快捷工具栏

④ 关闭加热平台上的管壳固定真空，打开气体保护腔盖板，用镊子将已完成焊接的产品从加热平台上取下。

6．关机

（1）检查吸嘴上是否有元器件。如果有，取下元器件。

（2）检查 PLACER CONTROL Box 上的 LED 真空状态指示灯，如图 1-32 所示，确认该灯处于闪烁状态。否则，将无法关闭电源。

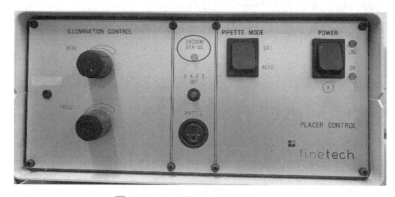

图 1-32　PLACER CONTROL Box

（3）选择 File→finish 菜单命令，退出 Winflipchip 回流软件。

（4）退出 Windows 系统，关闭计算机。

（5）按下 PLACER CONTROL Box 上的电源开关，关闭总电源。

（6）关闭压缩空气和氮气输入阀门。

1.4.4　仪器维护、保养与注意事项

1. 仪器维护、保养

（1）保持基础平台的干净整洁，防止异物破坏气浮工作台下表面的贴膜。

（2）注意不要让真空吸嘴吸入灰尘、颗粒、导电胶等物。

（3）检查吸嘴真空是否能够正常吸附芯片。

（4）保持光学部件（分光镜/摄像头/照明灯）的清洁。

（5）检查插在 PLACER CONTROL Box 后插孔的真空过滤器吸头的状态。

2. 注意事项

（1）微组装平台的工作环境温度应该避免低于 15℃或者高于 30℃。

（2）在某些光学放大倍数/率要求较高的情况下，内设照明设备的强度和光束的浓度可能会比较高。在安装或者运行该设备时，使用者或附近的人应该避免被强光刺眼。

（3）注意对点胶装置和点胶头的保护，如果长时间不用设备，应及时对点胶头进行清洁，避免残余的胶堵住针头。

（4）随时保持基础平台的平整干净，防止异物破坏气浮台下表面的贴膜，保持光学部件（分光镜/摄像头/照明灯）的清洁。

（5）使用前要检查设备是否通电；压缩空气和氮气阀门和各设备的急停开关是否处于打开状态。

（6）生产前必须打开氮气阀开关，并根据实际工艺要求调整气体流量。

（7）为了避免设备运行中的误判，建议每次调用 profile 程序后，进行真空检查。

（8）关机前，检查吸嘴上是否仍有元器件。

（9）使用前，要检查吸嘴真空能否正常吸附芯片。

第 2 章　芯片密封工艺仪器设备

2.1　平行缝焊机操作规程

2.1.1　设备的基本原理

平行缝焊是一种先进的低温焊接技术，用于替代预置焊料的融化焊接。该平行缝焊机是一台半自动设备，能进行金属基座、陶瓷金属化基座和盖板之间的气密性封装。该设备配有可靠性高的 PLC、触摸屏及先进的高频逆变焊接电源，动态响应速度快，控制精度高。将放置管壳基座及盖板的夹具放在工作台上，按开始键便可按选定的程序及焊接条件进行平行缝焊。

2.1.2　设备的基本结构

1. 设备结构

平行缝焊机主要包括自动平行缝焊主机（缝焊机机头、缝焊机工作台）和计算机控制系统，可进行各种平行缝焊参数的自动管理，并完成整个缝焊过程，如图 2-1 所示。

图 2-1　平行焊缝机

该设备普遍适用于深/浅腔式、平底式、扁平式、双列直插式、异形引脚式金属管壳和陶瓷金属化管壳的高气密性低水汽含量的平行缝焊封装，能够实现焊接尺寸为 5～100mm，焊接高度为 20～30mm 样品的焊接。

模具设计时，模具高度要符合以下条件，具体如图 2-2 所示。

最小焊接高度：模具高度+工件高度≥20mm。

最大焊接高度：模具高度+工件高度≤30mm。

旋转工作台上的两个模具定位孔的直径为 6±0.05mm，孔距为 60±0.02mm，具体如图 2-3 所示。

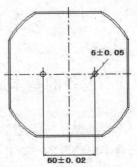

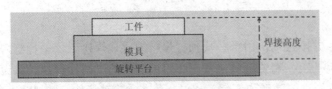

图 2-2　焊接高度示意图　　　　　　　图 2-3　模具定位孔

2．设备定义和说明

（1）电机编号说明（以面对缝焊机面板和缝焊台为准）。

A：表示左边 X 轴（横向移动）电机。

B：表示右边 X 轴（横向移动）电机。

C：表示左边 Z 轴（上下移动）电机。

D：表示右边 Z 轴（上下移动）电机。

E：表示 O 轴（工作台旋转）电机。

F：表示 Y 轴（前后移动）电机。

（2）位置调整方向说明。

在位置调整中，规定正向调整为"+"，反向调整为"−"。

A 和 B 电机：向中心方向移动为正向，向远离中心方向移动为反向。

C 和 D 电机：向下移动为正向，向上移动为反向。

E 电机：逆时针方向移动为正向，顺时针方向移动为反向。

F 电机：远离操作者移动为正向，靠近操作者移动为反向。

（3）矩形器件参数说明（焊接平面是矩形的工件）。

长：焊接平面较长一边（长边）的长度。

短：焊接平面较短一边（短边）的长度。

高：工件的高度+模具的高度。

（4）圆形器件参数说明（焊接平面是圆形的工件）。

圆形直径：焊接平面的圆直径。

高：工件的高度+模具的高度。

2.1.3　仪器的操作规程

1．设备的开启和关闭

（1）启动前检查电源是否连接可靠。检查正常后，接通系统电源。

（2）打开右侧机柜，打开"电源开关"，再按"启动"键，最后启动计算机。

📢 注意：

关闭设备时，操作顺序与开启完全相反。

2．登录系统及设置参数

（1）在计算机桌面上双击"平行缝焊机控制软件"图标，进入缝焊机系统。输入用户名和密码，单击"登录"按钮。系统初始有一个 admin 的用户，无初始密码，权限级别是系统管理员。

（2）平行缝焊机控制软件的工作主界面如图 2-4 所示，主要有参数管理、工件加工、数据管理、用户设置、设备调试等功能。

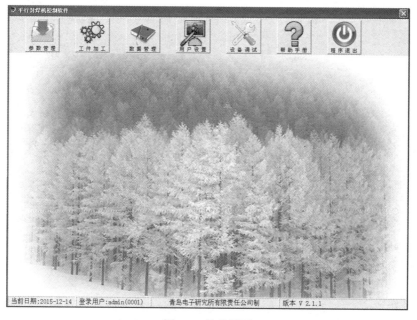

图 2-4　软件界面

（3）单击进入"参数管理"，添加/修改工件参数和加工参数。显示界面如图 2-5 所示。

选中"工件参数"单选按钮后，"工件参数"框内显示的是数据表格中选中的信息，而"焊接参数"框内显示的是所选工件对应的信息；反之亦然。

（4）新增"工作参数"：选定数据类别后，单击"新增"按钮，新增"工件参数"，如图 2-6 所示。

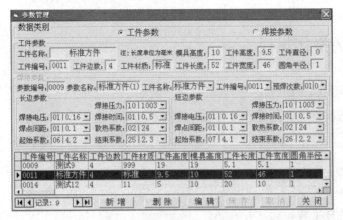

图 2-5　"参数管理"界面

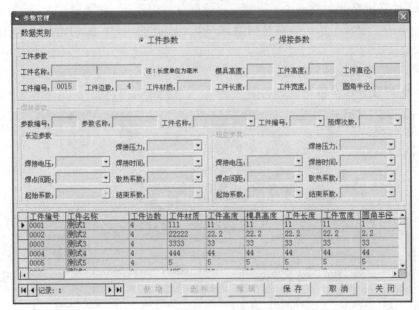

图 2-6　新增"工件参数"

按以下顺序输入参数信息。

① 工件名称、工件材质：可输入 10 位以内字符。

② 工件编号：不可更改，系统自动生成。

③ 工件边数：工件边数只能为 4 或 0，0 表示圆形。

④ 工件长、宽、高等参数：以 mm 为单位，可保留小数点后两位。

⑤ 单击"保存"按钮，可添加一条新的工件参数；单击"取消"按钮，则放弃添加新的工件参数。

（5）新增"焊接参数"，如图 2-7 所示。

添加新的焊接参数，必须先设定其所属的工件，在"工件名称"下拉列表框中选择相应工件，其信息显示在上方的"工件参数"框内，然后依次设定以下数据。

① 参数编号：不可更改，系统自动生成。

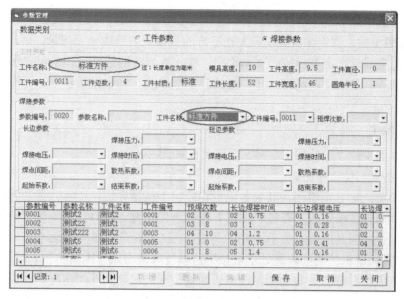

图 2-7 新增"焊接参数"

② 参数名称：可输入 10 位以内字符。

③ 预焊次数：表示在预焊接时，焊接电源的焊接次数，"|"前为档位，"|"后为次数，第一档为"01 | 0"，表示不进行预焊接；可设置 2～8 次。

④ 焊接电压：表示焊接时，焊接电源所释放的电压，"|"前为档位，"|"后为电压值，单位为伏。焊接电源输出的静态电压越高，焊接能量越大。常用的焊接电压为 1.26～3V。

⑤ 焊接时间：表示在单个焊点上电流通过的时间，"|"前为档位，"|"后为毫秒值。焊接电源输出电流时间越长，焊接能量越大，一般为 1～2ms。

⑥ 焊接压力：表示在焊接工件时对工件施加的压力，"|"前为档位，"|"后为克数。压力越小，接触电阻越大，焊接熔化程度越明显；压力越大，盖板与管壳的接触性越好。一般输入 300～2000g，其中 500～1000g 常用。

⑦ 焊点间距：表示相邻两个焊点间的距离，"|"前为档位，"|"后为间距，单位为 mm。点距越小，工件的气密性越好；点距越大，缝焊纹路越整洁。常用焊点间距为 0.15～0.3mm。

⑧ 散热系数：表示在焊接过程中，不通电的时间与通电时间的比值，"|"前为档位，"|"后为比值。比值越大，工件的散热越充分，工件温度越低；比值越小，焊接的速度越快，效率越高。此参数受"焊接时间"和"焊点间距"的限制，当这两个参数变化后，要重新设定。

⑨ 起始系数、结束系数：焊接方形工件时，焊接起始位置和焊接结束位置影响焊接的效果，"|"前为档位，"|"后为系数值，档位越小，系数值越大。系数值与焊接后的熔化程度成正比。

⑩ 单击"保存"按钮，可添加一条新的焊接参数；单击"取消"按钮，则放弃添加新的焊接参数。

（6）删除参数。选定参数类别，先在下方的数据表中选中一个记录，单击"删除"按钮并确认后，选中的参数将被删除。当删除工件参数时，会同时删除其相关的焊接参数。

（7）编辑参数。选定参数类别，先在下方的数据表中选中一个记录，单击"编辑"按钮，记录信息会显示在上方相应的文本框中，输入要修改的数据后，单击"保存"按钮，即完成工艺修改。单击"取消"按钮，则放弃本次修改。编辑焊接参数时，不能变更其所属的工件。

3．工件加工

单击主界面中的"工件加工"时，显示界面如图 2-8 所示。

（1）单击"归位"按钮。

加工开始前，除 E 电机外，其余各电机均应位于机械零位，E 电机应位于软件零位。

在单击"归位"按钮前，需特别注意 F 电机所处位置。重启控制软件后，将默认 F 电机位于机械零位，因其零位不位于 Y 轴的两端，而"归位"时的电机运动方向是远离设备中心，所以当 F 电机的实际位置处于机械零位以外（偏向操作人员一侧）时，归位时，F 电机是向远离机械零位的方向运动，直至碰触限位开关。遇到此类情况时，应在"设备调试"界面中，将 F 电机运动至接近设备中心的位置，然后再返回到"工件加工"界面，单击"归位"按钮。如果已经碰触限位开关，在 F 电机运动前，需按下"限位切除"开关。单击"归位"按钮前，需关闭"限位切除"开关。

（2）在"工件选择"下拉列表框中可选择要加工的工件名称及编号，如图 2-9 所示。

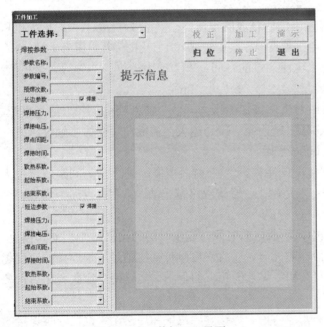

图 2-8　"工件加工"界面

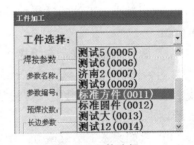

图 2-9　工件选择

（3）选定工件信息后，焊接参数信息将自动显示，如有多个"焊接参数"，需选定"参数编号"，如图 2-10 所示。

（4）设定焊接过程，默认焊接过程为先预焊，再焊长边或圆，最后焊短边；预焊次数设为"01|0"，表示不进行预焊接；选中"长（短）边参数"右侧的"焊接"复选框，表

示进行长（短）边的焊接，如图 2-10 所示。

图 2-10　焊接参数

（5）如果要调整焊接过程中焊轮与工件的接触位置，需要进行"校正"。另外，对选定的工件及焊接参数进行初次焊接前，必须进行"校正"，校正界面如图 2-11 所示。

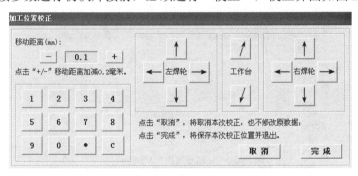

图 2-11　校正界面

操作过程如下。

① 设定"移动距离"。

② 单击"方向箭头"按钮，使焊轮靠近工件并与之接触，移动焊轮的过程中，尽量首先让左、右焊轮处于平行位置。在水平方向上，尽量让左、右焊轮的加工位置相同（与工件接触的位置相同）；在垂直方向上，焊轮离开工件的高度不能超过 5mm。

③ 单击"完成"按钮，焊轮自动完成探高过程，表示长边的加工位置校正完成。重复上述操作，完成短边校正。如工件为圆形，则只进行一遍校正。

操作说明：左、右焊轮的箭头表示焊轮上下左右移动；工作台的箭头表示旋转工作台前后移动。

（6）"演示"或"加工"：两者操作过程相同，只是"演示"过程中焊接电源不开启，如果加工工件前重新校正了加工位置或调整了焊接参数，必须先使用"演示"功能，确保工作过程无异常。需要特别注意的是，当出现"开始焊接……"提示前，焊轮与工件是否接触。过程如图 2-12 所示。

（7）"加工"完成后，单击"继续加工"按钮或手动按下机头上的"工作"键，即可继续以相同的参数加工同一种工件。单击"退出加工"按钮，则结束该加工过程，如图 2-13 所示。

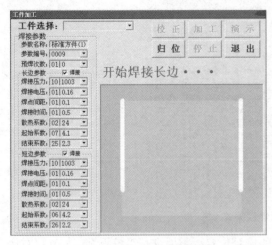

图 2-12　演示、加工界面

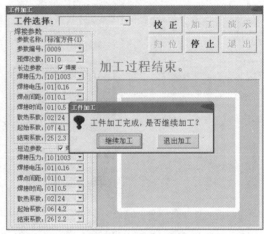

图 2-13　加工过程结束

工作过程中，如出现异常，会出现相应的提示，如图 2-14 所示。

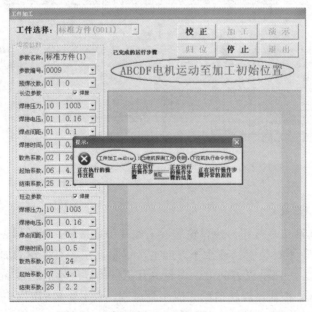

图 2-14　工作异常

（8）单击主界面上的"数据管理"图标，显示图 2-15 所示工作界面，可对加工试样进行"查询""收缩""导入""备份"等操作。

（9）退出系统，关闭计算机。

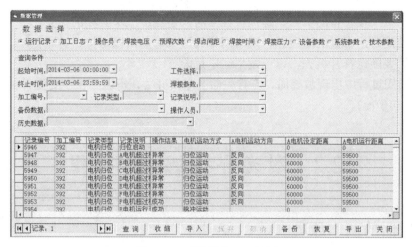

图 2-15　"数据管理"界面

2.1.4　仪器使用注意事项

1．仪器使用环境及条件

（1）工作温度：-10～40℃。

（2）储存温度：-25～55℃。

（3）空气相对湿度：40℃时不超过 50%；20℃时不超过 90%。

（4）海拔高度不超过 1000m。

（5）易损件的更换及设备维护注意事项。

焊轮拆分示意图如图 2-16 所示。

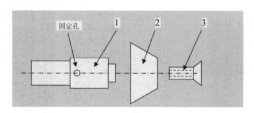

1—焊轮轴；2—焊轮；3—沉头螺钉

图 2-16　焊轮拆分示意图

焊轮的安装与更换：在焊接过程中，由于磨损需更换焊轮时，将 3 号件（沉头螺钉）扭出，拆出 2 号件（焊轮）。将新焊轮装入 1 号件（焊轮轴）上，最后将 3 号件（沉头螺钉）旋紧。在松开和扭紧螺钉时，在固定孔中插入 1.0～1.5mm 杆，限制焊轮轴转动。焊轮更换后确保焊轮无死点、涩皱现象，且旋转自如。焊轮更换时，需注意加置"导电脂"。

2．注意事项

（1）本机宜放置在阴凉、干燥的场所，周围无酸、碱等腐蚀性气体。

（2）本机输出直流电，要与相应的用电设备相连，输出端子的"+"接设备的正极，输出端子的"−"接设备的负极，确保极性接对，避免造成不必要的损失。

（3）使用时，本机的通风孔、风扇网罩处严禁遮盖，以保持风道通畅。

（4）不要随意打开机壳，以免发生触电危险。

（5）使用过程中出现故障时，应首先断开空气开关，再断开供电装置开关，然后由专业人员进行初步检查。

2.2　激光焊接机操作规程

2.2.1　仪器的基本原理

激光焊接机是一种高度自动化的焊接设备，采用机器人代替手工焊接作业是焊接制造业的发展趋势，也是提高焊接质量、降低成本、改善工作环境的重要手段。

作为激光焊接机器人的焊接热源，半导体激光器（也称激光二极管 LD）使小型化、高性能的激光焊接机器人系统的应用成为现实。通过激光实现了局部非接触及细小直径加热的方式。激光焊接机器人系统地解决了细微焊接的一大难题。

2.2.2　仪器的基本结构

激光焊接主机主要由半导体激光器、控制系统、光纤、光学镜头等组成。激光焊接机的前控制面板和后控制面板结构如图 2-17 所示。

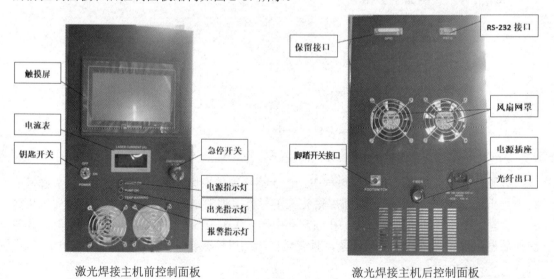

激光焊接主机前控制面板　　　　　　　　激光焊接主机后控制面板

图 2-17　激光焊接机

2.2.3　仪器的操作规程

（1）带上激光防护镜。

（2）接上电源，接上光纤，打开钥匙开关。

（3）按"参数设置"键，输入密码，进行参数界面设置，如图 2-18 所示。

参数界面			
激光参数		PID 参数	
额定电流	0.0	@	0
限制功率	0.0	KP	0
出光电流	0.0	TI	0
温度显示系数	0.0	Kb	0
额定功率	0.0	TD	0
线性功率	0.0	密码设定	0
PID 初始化			回主菜单

图 2-18　参数设置界面

① 额定电流：是激光器本身出光的额定电流。

② 限制功率：设定出光时的最大功率，该值小于额定功率值。

③ 出光电流：设定出光时的最小电流，电流小于该值时无法输出激光。

④ 温度显示系数：调整此参数，可以使温度显示值和实际温度接近。

⑤ 额定功率：是激光器在额定电流下出光的功率值，根据模块特性已设置好该值。

⑥ 线性功率：功率曲线线性段的最小值，根据模块特性出厂时已设置好该值。

⑦ 密码设定：更改进入参数设置界面的密码。

（4）在触摸屏主界面下，按"手动"键进入手动出光界面，如图 2-19 所示。按"指示光"键打开指示光。

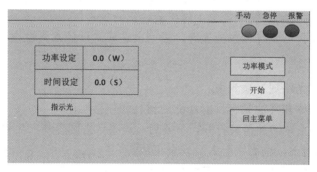

图 2-19　手动出光界面

① 功率设定：设置加工时出光的电流。

② 时间设定：设置出光时间。如果该值小于或等于 600，则出光时间到设定值后自动停止；如果该值大于 600，则表示的是不间断出光。

③ 指示光：按该按钮将控制指示光的开、关。

④ 功率模式：按该按钮将操作模式切换到电流模式，切换后电流模式显示灯为红色，表明此时的加工模式是电流模式。

⑤ 开始：按该按钮出光。

（5）按"功率模式"键，进入准备状态，设定功率、时间。

（6）将待焊接样品放置在激光发射器的正下方。

（7）调节焊锡量，并放置在样品待焊接位置。

（8）踩下脚踏开关或者按"开始"键，发射激光。

（9）待焊料融化，焊接完成后，松开脚踏开关或者"开始"键，使系统提前停止，否则系统会按照设定时间停止激光输出。

（10）按"指示光"键，关闭指示光。

（11）按下急停开关，将钥匙开关扳至"off"，关闭激光系统。

2.2.4　仪器维护、保养与注意事项

1．光纤维护、保养

（1）当取下或安装光纤时，勿将光纤末端接触任何表面，尤其是手指。一旦有接触，将会损害光纤和光学系统。

（2）尽量使光纤的暴露时间减到最少。在光纤连接到接口前，要始终用光纤保护套罩住光纤末端。一旦光纤拆下连接，要立即在光纤末端套上光纤保护套。

（3）勿将已污染和损伤的光纤安装到光学系统中，这样做会导致光学系统和激光系统受到污染或损害。可以使用放大镜仔细观察光纤断面，检查是否被污染。

（4）如果光纤末端表面已被污染，按以下程序清洁末端表面：① 握住光纤连接头，挤一滴甲醇在擦镜纸上，将擦镜纸的湿润部分放在光纤末端表面，在表面缓慢拖动。② 用放大镜检查光纤末端表面。如果仍有污染物残留，用干净的擦镜纸进行清洗。③ 清洗结束，迅速将光纤末端插入光学系统或者套上保护套，以防止再次污染。

（5）一定不要折弯光纤和拉扯光纤，否则会造成光纤的永久性损坏。

2．注意事项

（1）不要顺着光路观看激光束。

（2）不要让人体和其他具有反射功能的材料随便接触激光束。

（3）如果激光系统的外盖被打开，不要启动设备，否则容易产生设备故障，并由于操作者暴露在激光辐射下，进而引起人身安全事故。

（4）不要随意打开外盖自行调节和修理激光系统。

（5）操作人员戴的眼镜一定要足够防护相应功率等级、波长的激光辐射。

（6）勿使用丙酮清洗光纤末端表面。丙酮会分解支撑光纤的基体物质，并会对传输光纤造成永久性破坏。

第 3 章　封装性能评价仪器设备

3.1　接合强度测试仪操作规程

3.1.1　仪器的基本原理

接合强度测试仪利用各种高精度的测力传感器,采用拉、推、剪切等方式对各种半导体、基板上零件的焊接点或引线的接合强度等,进行高精度测试。

3.1.2　仪器的基本结构

接合强度测试仪由显微镜、固定工作台、测力传感器、LED 照明灯、操纵杆、旋转台设定面板等组成,如图 3-1 所示。

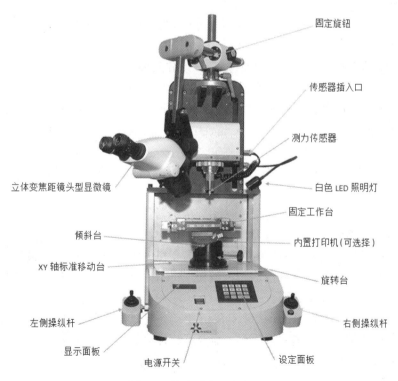

图 3-1　接合强度测试仪

3.1.3 仪器的操作规程

1. 剪切力测试操作

（1）打开电源，启动设备。

（2）将高荷重剪切传感器安装到传感器安装轴上，旋紧内六角螺丝进行固定，如图 3-2 所示。

图 3-2 高荷重剪切传感器的安装

（3）将传感器插头插入主机右侧的传感器插入口中。

（4）取下传感器的保护套，将刀具直接安装到传感器上。刀具安装在传感器上时，要注意安装螺丝的方向。

（5）打开仪器软件，建立连接。确定传感器的连接状态，软件界面下方显示 connection OK，方可测试。

（6）新建测试。选择 File→Measuring→Reference 菜单命令，设定测试文件名，显示指定文件名的对话框后，建立保存测定数据的文件夹并指定文件名。

（7）设定测试条件，单击 OK 按钮。主要测试条件为 Test method、Dest-Stop、Meas Speed Unit、Meas Speed[mm/sec]、Meas Distance[mm]、Detect Level[%]、Locate Distance[um]、Data Unit。

（8）将固定夹具安装在旋转工作台上，再将样品紧固在工作夹具的适当位置上。

（9）将显微镜焦点调整到样品的测定位置。

（10）操作左右操纵杆，将样品移动到传感器正下方。为防止样品与刀具等的接触，需要在显微镜下移动工作台，将刀具移至所测元器件的正后方。

（11）通过显微镜的观察，将显微镜的焦点和倍率调整到适合样品测定的位置。

（12）按设备右侧操纵杆前的蓝色按钮（Start 按钮），刀具将以设定的试验速度向 Y 轴方向移动，并开始测定数据。

（13）测试完成后，按 Enter 键或 Start 键确定后，测定数据被传送至软件中并保存。

（14）在连续进行测定的情况下，需要调整样品位置，进行反复操作。

2. 拉力测试操作

（1）打开电源，启动设备。

（2）把万力从传感器上取下来，将钩针安装到拉力测定用万力上，在安装钩针时，将钩针对准万力的中心，拧紧后，再用手轻轻地将万力装上拉力传感器并拧紧，注意不要用力过度。钩针及安装如图 3-3 所示。

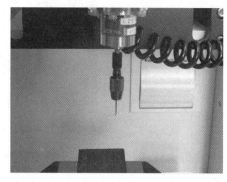

图 3-3　拉力测定用钩针安装

（3）将拉力传感器安装在传感器安装轴上，旋转轻荷重传感器支架的固定螺帽，进行固定。

（4）将传感器插头插入主机右侧的传感器插入口中。

（5）确定显示面板中传感器的显示状态是否正确，确认无误后，按 Enter 键，传感器进入待测状态。

（6）打开仪器软件，建立连接。确定传感器的连接状态，软件界面下方显示 connection OK，方可测试。

（7）选择 File→Measuring→Reference 菜单命令，设定测试文件名。

（8）设定测试条件，单击 OK 按钮。主要测试条件为 Test method、Dest-Stop、Meas Speed Unit、Meas Speed[mm/sec]、Meas Distance[mm]、Detect Level[%]、Data Unit。

（9）将固定夹具安装在旋转工作台上，再将样品紧固在工作夹具的适当位置上。

（10）将显微镜焦点调整到样品的测定位置。

（11）操作左右操纵杆，将样品移动到传感器正下方后。为防止样品与钩针等的接触，需要在显微镜下移动工作台，将钩针移至引脚折弯处的正下方。

（12）通过显微镜的观察，将显微镜的焦点和倍率调整到适合样品测定的位置。

（13）按设备右侧操纵杆前的蓝色按钮（Start 按钮），Z 轴以设定的试验速度向上移动，并开始测定数据。

（14）Auto-Return（自动复位）：在<YES>的情况下，自动复位到测定开始的位置。

（15）测试完成后，按 Enter 键或 Start 键确定后，测定数据传送至软件中并保存。

（16）在连续进行测定的情况下，需要调整样品位置，进行反复操作。

3. 三点弯曲测试

（1）打开电源，启动设备。

（2）将推力治具安装到传感器上，拧紧后用螺丝固定，如图 3-4 所示。注意不可用力过度。

图 3-4　三点弯曲测定用推力治具安装

（3）将推力传感器安装在传感器安装轴上，旋转轻荷重传感器支架的固定螺帽，进行固定。

（4）将传感器插头插入主机右侧面板上的插座中。

（5）确定显示面板中传感器的显示状态是否正确，确认无误后，按 Enter 键，进入待测状态。

（6）打开仪器软件，建立连接。确定传感器的连接状态，软件界面下方显示 connection OK，方可测试。

（7）选择 File→Measuring→Reference 菜单命令，设定测试文件名。

（8）设定测试条件，单击 OK 按钮。主要测试条件为 Test method、Dest-Stop、Meas Speed Unit、Meas Speed[mm/sec]、Meas Distance[mm]、Detect Level[%]、Data Unit。

（9）将固定夹具安装在旋转工作台上，再将样品紧固在工作夹具的适当位置上。

（10）将显微镜焦点调整到样品的测定位置。

（11）操作左右操纵杆，将样品移动到传感器正下方后。为防止样品与推力治具等的接触，需要在显微镜下移动工作台。

（12）通过显微镜的观察，将显微镜的焦点和倍率调整到适合样品测定的位置。

（13）按设备右侧操纵杆前的蓝色按钮（Start 按钮），Z 轴以设定的试验速度向上移动，并开始测定数据。

（14）Auto-Return（自动复位）：在<YES>的情况下，自动复位到测定开始的位置。

（15）测试完成后，按 Enter 键或 Start 键确定后，测定数据传送至软件中并保存。

3.1.4　仪器使用注意事项

1. 使用前注意事项

（1）检查电源电压。电源电压的波动范围小，额定电压±10%以上的情况可能发生故障。

（2）插座需为 3P 接地（或带有地线）。

（3）避免在温度、湿度极高或极低的场所使用（温度为 5～40℃，湿度为 30%～80%）。

（4）远离强磁源及高频率信号源。接近强磁力线、高频率信号源可能会导致装置动作异常。

（5）避开存在碰撞、震动的场所。

（6）不要让液体、金属等东西进入设备。

（7）避开有雾气、潮气的场所。

（8）避开日光直射和灰尘多的场所。

（9）电源线与热器具等分离开。另外，拔掉电源时必须拿着插头拔掉。

（10）传感器不使用时，必须加上保护套。

（11）出现异常、故障时，马上将电源"断开"。

（12）在软布上放一点中性洗涤剂擦拭脏的地方，不要用稀释剂、汽油等挥发性的物质。

2．注意事项

（1）在传感器运行过程中，手不可靠近传感器。

（2）不可打开装置，以免损坏仪器设备，并发生触电危险。

3.2　台式扫描电镜操作规程

3.2.1　仪器的基本原理

扫描电镜利用电子枪发射的电子束，在加速电压作用下，经过电子透镜聚焦后，在样品表面按顺序进行扫描，激发样品产生各种物理信号。例如二次电子、背散射电子、吸收电子、X 射线、俄歇电子等，这些物理信号的强度随着样品的表面特征发生变化。物理信号被相应的收集器接收，经过放大器按顺序、成比例放大后，在显示器上同步显示其亮度。

背散射（BSE）是由入射电子束与原子核的弹性散射或非弹性散射所产生的高能电子。背散射电子成像的分辨率一般为 50～200nm（约为电子束斑直径）。背散射的产率，即出射的背散射数与入射电子束之比，取决于样品的平均原子序数。原子序数越高，或元素越重，衬度就越亮。所以背散射电子作为成像信号不仅能分析形貌特征，也可以用来显示原子序数衬度，定性地进行成分分析。

3.2.2　仪器的基本结构

台式扫描电镜由主机、触摸屏（软件）、样品杯、U 盘存储器、旋转手柄等组成，主机内部包含背散射电子探测器、灯丝、装样间等，如图 3-5 所示。

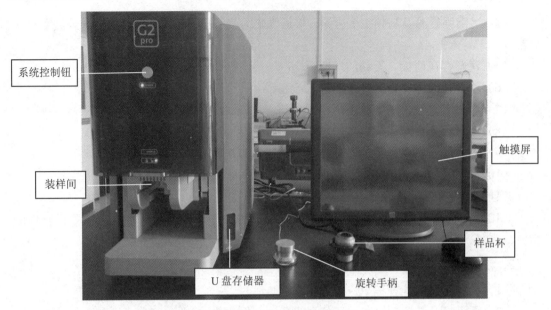

系统控制钮

装样间

U盘存储器

触摸屏

样品杯

旋转手柄

图3-5　台式扫描电镜结构

3.2.3　仪器的操作规程

1．开机

（1）打开电源开关，待主机面板上的电源灯闪烁为绿色即可。短期关机后的启动时间约为30min，长期关机后首次启动时间约为14h。

（2）打开显示器电源，等待主机面板上的电源灯变为绿色或显示屏显示 system is operational 即可。

2．屏幕校准

首次启动触摸屏时，需要进行屏幕校准。

（1）向下长按旋转手柄的控制按钮，直至触摸屏显示为白色界面。

（2）依次用手指（或其他较软的物体尖端）点击屏幕上出现的4个十字叉中心。

（3）如需重做校准屏幕，重复上述操作。

3．系统状态认知

（1）如果主机面板上的电源灯一直为绿色，说明系统处于可操作状态。

在这种情况下，如果按下电源灯上方的按钮，系统将进入待机（Standby）状态，电源灯变成橘红色。

（2）如果主机面板上的电源灯一直为橘红色，说明系统处于待机（Standby）状态。

在这种情况下，如果按下电源灯上方的按钮，系统将从待机状态向可操作状态转换，电源灯变成绿色，且不断闪烁。

（3）如果主机面板上的电源灯闪烁为绿色，说明系统正从待机状态向可操作状态转换，屏幕上将显示进度条，表示剩余唤醒时间。

4．样品制备

将样品用导电胶固定在样品台上（不可在样品杯中直接制备样品，以免弄脏样品杯）。使用样品台专用镊子将导电胶的一面粘于样品台上，之后将样品粘于导电胶的另一面。

样品制备注意事项如下。

（1）有气体蒸发或湿的导电胶均不可用来固定样品。

（2）导电样品一般不需要特别处理，可装入样品杯直接观看。

（3）一般情况下，不完全导电或完全不导电的样品也可以直接观看。如果不完全导电或完全不导电的样品的成像质量很差，建议用溅射仪喷金后再成像。

（4）有气体蒸发或湿的样品均不可以用电镜观察。

（5）将粉末样品固定在样品台上时，用药匙取少量粉末，轻轻敲打手臂将粉末均匀地分散在样品台的导电胶上，用镊子将样品台在桌面上轻轻磕，使得没有粘住的样品更加松散，再用压缩空气吹掉这些粉末即可。

（6）如果松散粉末留在电镜内部，将对机器造成严重的损害。

（7）磁性样品要固定牢，并建议在中、长工作距离下观测。

5．将样品装进样品舱

（1）将样品台插进样品杯。

① 旋转样品杯的高度调节环钮，将样品杯装样平面调节到最高位置。

② 使用专用镊子将带有样品的样品台插进样品杯装样平面的小孔中，确保样品台完全插入样品杯，样品台的台面完全处在样品杯的装样平面上。

（2）调节样品的位置。

通过旋转样品杯上的高度调节环钮来降低样品的高度，继续降低样品，直到样品的最高面和样品杯的旋转环钮上平面平齐。

继续降低样品，使得样品最高面比样品杯旋转环钮上平面至少低2mm，环钮周围有竖直刻线，每一刻度为 0.5mm，要达到 2.5mm，需要将环钮旋转 5 格。

📢 注意：

样品的最高面必须低于样品杯的最高面，否则样品在装进机器的过程中会被破坏，机器也会遭到损坏。

（3）当主机面板上的开锁灯亮起后，这时可以打开舱门。

① 用大拇指和食指捏住舱门突出的把手，适当用力将舱门完全拉上去，不要做多次停顿。注意，必须将舱门完全开启，如果门没有完全打开，样品杯不能正确地推入。

② 捏住样品杯的把手，将样品杯推进舱门下方样品槽后，会感觉到样品杯和样品槽之间轻微的咬合，此时位于主机面板前方的 Sample 指示灯会变亮。

③ 再次用拇指和弯曲的食指捏住舱门把手，将舱门拉下关闭。当舱

门拉下时，样品会自动移动到光学成像界面，舱门会自动锁住，主机控制面板前方的关锁指示灯会亮起。

🔊 注意：

在关闭舱门时，拇指和食指必须放在舱门外，否则下落的舱门会夹到手指。下拉过程需稍微用力，直接将舱门拉下，中间不要有超过两次的停顿。

6．软件操作

通过轻触或点击触摸屏上的图标，即可激活此图标表示的功能，通过旋转或者按压控制旋钮，调节已激活图标代表的功能，如图 3-6 所示。

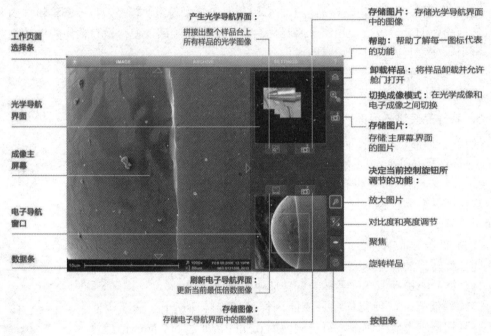

图 3-6　软件操作界面

（1）光学成像。

当样品正确安装且舱门正确关闭后，样品会自动移到光学成像位置，光学照相机被激活，光学图像出现在主观测屏幕上。触摸"聚焦"图标，使其激活，变成绿色，然后旋转控制旋钮来调节焦距；触摸"聚焦"图标，在粗略聚焦和精细聚焦之间转换，通过按压控制旋钮也可以实现此功能，当字母 F 出现在"聚焦"图标上时，说明当前聚焦是精细聚焦。

通过选择"亮度和对比度"图标实现亮度和对比度的优化调节，绿色代表当前已激活的调节功能。

（2）导航界面。

① 触摸"拼接出整个样品台上所有样品的光学图像"图标，得到整个样品台的光学图像；使光学图像显示在光学导航界面上。

② 通过触摸主成像界面上感兴趣的区域或者点击位于主成像界面四周的箭头，向相应的方向移动样品的位置，使所观测区域自动移动到主成像界面的正中央。

（3）图像存储。

① 将 2.0 闪存驱动版本的 U 盘插在主系统右侧底部的 USB 插口中，U 盘属于热插拔，可随时插进或者拔出。

② 通过触摸"存储图片，存储主屏幕界面的图片"图标，所有位于主成像界面的照片均可存储到 U 盘。

③ 通过 setting 界面对储存图像的参数，如图像质量、分辨率、格式等，进行设置。

④ 可通过触摸位于光学导航界面下方的"存储图像，存储电子导航界面中的图像"图标，来存储光学导航界面中的图像。

（4）电子成像。

当要测试的位置居中到主成像界面且简单聚焦后，即可准备成高质量的电子图像。选择"切换成像模式"图标，实现由光学成像向电子成像模式转变。

带有十字的大圈代表更高放大倍数的电子模式，大圈变绿说明该图标代表的功能已经可以激活。箭头方向表示下次触摸该图标即将激活的功能。

当成像模式成功地从光学转换成电子之后，一张最低倍数的电子图像将会出现在位于主界面右下部的电子导航界面中，同时当前倍数的电子图像也会出现在主成像界面中。

一个方框出现在电子导航界面中的图像上，框内的区域是当前被放大的区域。

如果样品被移动，那么右下部的电子导航界面部分将变黑，此时，触摸"刷新电子导航界面"图标，即可刷新出当前位置的电子导航界面图。

（5）对比度和亮度的调节。

选中"对比度和亮度调节"图标，调节对比度和亮度。

在操作过程中，当字母 A 出现在"对比度和亮度调节"图标上时，对比度和亮度将会由系统自动调节；持续触摸超过 2s，当"对比度和亮度调节"图标上的字母 A 消失后，即可通过控制旋钮手动调节对比度和亮度。一旦处于手动模式，单击"对比度和亮度调节"图标，或按压控制旋钮，都可以使当前激活的调节在对比度和亮度之间转换。当前激活的调节为绿色。调节完成之后，系统会停留在最后一次激活的功能上，比如上一个操作者最后 次调节的是对比度，那么下一个用户使用时会发现对比度是处于激活状态。

（6）聚焦调节。

通过选中"聚焦"图标，来调节图像的聚焦。

在聚焦调节过程中，"聚焦"图标上的字母 A 一旦出现，焦距即将进行自动调节；持续触摸该图标 2s 以上，当字母 A 消失后，即可通过控制旋钮手动聚焦。若处于手动模式，单击"聚焦"图标，或按压控制旋钮，都可以使当前激活的调节在粗略聚焦和精细聚焦之间转换。系统会停留在最后一次激活的功能上，比如上一个操作者最后一次调节的是精细聚焦，那么下一个用户使用时会发现精细聚焦是处于激活状态的。

（7）放大倍数的调节。

选中"放大图片"图标，调节图像的放大倍数。粗略放大和精细放大之间的选择与粗略聚焦和精细聚焦之间的选择类似。

（8）图像旋转调节。

选中"旋转样品"图标，调节图像旋转。粗略旋转和精细旋转之间的选择与其他功能类似，触摸"旋转样品"图标超过 2s，图像就会回到最初位置。

7. 样品的卸载

（1）观测完成后，将放大倍数调成较低的倍数，单击屏幕右上角的"卸载样品"图标，确认卸载，单击"√"完成卸载；单击"×"取消卸载。

（2）待主机控制面板前方的开锁指示灯亮起后，打开舱门，取出样品。

8. 仪器简易操作步骤

（1）装样。将制作完成的样品放入样品杯，顺时针方向旋低样品杯，必须使样品最高面低于样品杯平面 2mm（旋平后再下旋 4 格）；将样品杯放入样品舱，试样灯亮起，关闭舱门，舱门会自动锁住。

（2）观察。在光学模式下找到要观测的样品，然后切换到电子模式。调焦、亮度、对比度，由低倍到高倍依次调节，直至获得最清晰的图像为止。

（3）保存图片。"高倍聚焦，低倍拍照"，即在较高倍数下调节焦距，然后保持焦距不变，缩小放大倍数，拍照取图。在 setting 界面设置图像的分辨率和图片质量，修改图片名称，返回 image 界面后，单击拍照。

（4）卸样，打开舱门，取出样品，关机。

3.2.4 仪器维护、保养与注意事项

1. 仪器使用环境与条件

（1）不得在潮湿闷热的环境下使用设备。电镜正常工作的最高温度不超过 25℃，最大湿度不超过 60%。

（2）电镜通过电源线的接地电极进行接地。为避免触电，接地电极必须接地线。使用电镜前，确认是否已接地。

（3）保证室内空气流通，避免环境中存在爆炸性气体。

2. 仪器维护与保养

每使用 1.5～2 年，需要对电镜系统进行保养维护，维护内容如下：涡轮分子泵维护，更换分子泵油芯；外置隔膜泵维护，更换隔膜泵膜片；软件升级，保证系统运行稳定流畅；除尘，防止光阑污染并保证设备的散热；检测背散射探头的状态并检测清理样品杯。

3. 注意事项

（1）勿直接在样品杯上制备样品。脱落的样品颗粒会沉积在样品杯内，对电镜造成污染。

（2）保证样品的干燥。潮湿样品表面上的液体在真空环境中会迅速蒸发，放出大量气体，对电镜造成损害。

（3）保证样品固定牢固，确保样品牢固地粘附在样品台上，可使用碳胶、银胶等进行样品固定。

（4）粉末样品：将粉末样品粘附在样品台上，之后使用压缩空气或其他高压气枪轻轻喷吹样品，以去除松动的粉末。

（5）样品最高处需低于样品杯口平面 2mm。

3.3 可焊性测试仪操作规程

3.3.1 仪器的基本原理

可焊性测试仪主要用于测试焊料的润湿性以及表面张力，其通过将各种金属片及电子零件等浸在溶融焊锡中，使用高性能的电子天平测定样品随着润湿时间所受浮力的变化。因为不同样品表面或焊锡及助焊剂表面的性质不同，可通过测定数据的曲线反映出润湿的时间变化，通过分析该曲线从而得到润湿性的重要信息。

3.3.2 仪器的基本结构

可焊性测试仪主要包含电源控制板、加热炉、焊锡锅、焊锡小球加热块、阶梯升温头、热电偶、操作控制面板、天平、夹具等，如图 3-7～图 3-9 及表 3-1 和表 3-2 所示。

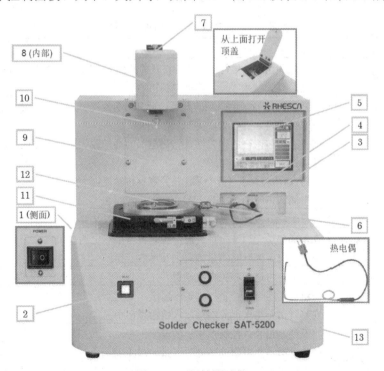

图 3-7 可焊性测试仪

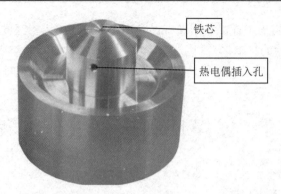

图 3-8　焊锡小球加热块

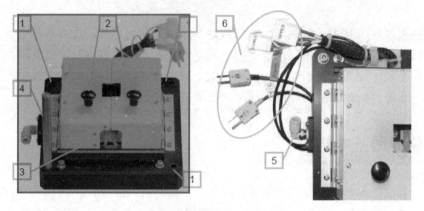

图 3-9　阶梯升温加热装置

表 3-1　机器各部件的名称与功能

名　称	功　能
1. 电源开关[POWER]	打开或关闭主体电源的开关。将开关按到"｜"侧为"开"、"O"侧为"关"。将电源开关按到"｜"侧则电源接通
2. 加热器开关[HEAT]	打开或关闭加热炉电源的开关。此开关为交替式（位置固定）开关，每次按下交替切换"开"与"关"。 请务必安装附带的焊锡锅，将热电偶的端部放入熔融焊锡内，然后将[HEAT]开关置于"开"。 [HEAT]开关置于"开"后，开关本身与触摸屏上的对应指示灯亮，开始加热。热电偶卸下时不会加热
3. 阶梯升温接头	进行阶梯升温法测量时连接到阶梯升温测量装置
4. 热电偶专用接头	连接加热炉专用或阶梯升温测量装置专用热电偶。 加热炉与阶梯升温测量装置为互斥性连接
5. 触摸屏	显示器，可进行相关参数设置
6. 热电偶	与温调器组合，控制加热炉的温度。 安装时请将热电偶的端部放入熔融焊锡中
7. 天平盖	与温调器组合，控制加热炉的温度。 安装时请将热电偶的端部放入熔融焊锡中
8. 天平部	可进行天平的调整

名　　称	功　　能
9. 假面板	进行急速加热升温测量时，卸下假面板，安装急速加热升温测量装置
10. 夹具支架	用于试料夹具的安装
11. 底座	安装加热炉。 操作[UP/DOWN]升降开关或进行测量时上下移动
12. 加热炉	使用焊锡缸进行焊锡等加热、熔融的场所
13. 操作面板	[START]：开始测量时使用。 [STOP]：停止测量时使用，在不进行测量时用于切换天平平衡的"开"与"关"。 上下开关[UP、DOWN]：手动升高底座时使用[UP]，手动降低底座时使用[DOWN]

表 3-2　阶梯升温加热装置的外观及各部件的名称与功能

名　　称	功　　能
1. 固定用螺丝孔	用于将阶梯升温加热装置固定在 5200T 主体上的螺丝孔。使用 Φ5～30 的螺丝固定
2. 开闭用把手	开闭时使用的把手。 加热时，装置处于高温状态，请务必使用把手进行开闭操作
3. 观察窗口	测量过程中用于观察的窗口
4. 冷却扇安装杆	用于安装冷却扇的支杆
5. N_2 接头	在 N_2 环境下进行试验时使用
6. 4 种接头	加热、测温时使用的接头。 LOWER：用于下面加热，连接到辅助装置 LOWER FURNACE。 UPPER：用于上面加热，连接到辅助装置 UPPER FURNACE。 T/C（黄）：测温用热电偶，连接到主体上的黄色接头。 Alarm T/C（黑）：防止过度升温热电偶，连接到辅助装置

3.3.3　仪器的操作规程

1. 焊锡槽测量

（1）如图 3-10 所示，设置焊锡锅与热电偶的端部。

（2）开机。打开电源开关 POWER，接通电源。

（3）单击软件"设定"，设定加热温度。

（4）将焊棒（铸锭）1～2kg 放置在焊锡锅中后，打开加热器开关 HEAT，使焊锡熔融至热电偶的端部液面下 3～5mm，如图 3-11 所示。

📢 注意：

在空焊锡锅中熔融焊锡时，应将加热块切割到能够放入锅中的大小，然后开始熔融。若直接对长条焊棒加热，热量会散失，无法熔融。

（5）在测量待机画面上按"设定"按钮，切换至参数设定画面，设置各个参数，在弹出窗口中输入数值或条件。设定的参数有浸入速度、测量量程、浸入深度、上提速度、浸入时间、计时时间、接触模式等。在进行其他设定时，用画面左下角的 ⬅➡ 按钮进行切换画面操作，可设定的参数如表 3-3 所示。保存参数。

图 3-10 焊锡锅与热电偶的设置

热电偶的端部
液面下 3～5mm

图 3-11 焊锡熔融量的标准

表 3-3 参数设定一览

项　　目	概　　要
浸入速度	设定浸入速度。 设定范围： 焊锡槽　　0.1～0.5　[mm/s]　（0.1mm/s 间隔） 　　　　　0.5～5.0　[mm/s]　（0.5mm/s 间隔） 　　　　　5～30　[mm/s]　（5mm/s 间隔） 焊锡小球　0.1～0.5　[mm/s]　（0.1 间隔） 急速加热　0.5～1.0　[mm/s]　（0.5 间隔） 阶梯升温
浸入深度	设定浸入深度。 设定范围： 焊锡槽　　0.01～0.99　[mm]　（0.01mm 间隔） 　　　　　1.0～20.0　[mm]　（0.1mm 间隔） 焊锡小球　0.01～1.0　[mm]　（0.01mm 间隔） 急速加热　0.01～0.25　[mm]　（0.01mm 间隔） 阶梯升温 ※ 不能设定为 0mm
浸入时间	设定浸入时间。 设定范围： 焊锡槽　　1～999 秒或 1～999 分钟（1 秒间隔或 1 分钟间隔） 焊锡小球　1～999 秒（1 秒间隔） 急速加热 阶梯升温　依存于温度阶梯，因而无此项目
测试量程	切换测试量程。根据试验样品切换测量灵敏度。可在 10mN、50mN 中选择
上提速度	设定上提速度。 设定范围： 焊锡槽　　与浸入相同 焊锡小球　"浸入·上提"设定为"相同速度"时无法更改。 急速加热　固定为 5mm/s 阶梯升温　可在 0.1～15mm/s 设定。 　　　　　各速度值的间隔设定与浸入相同

续表

项　目	概　要
浸入·上提	切换浸入速度与上提速度的值，设定为相同或分别设定。可在"相同速度""分别设定"中选择。 ※ 仅可在焊锡槽、焊锡小球中设定
计时时间	切换计时时间。 可在"浸入开始时""浸入结束时"中选择。 浸入开始时：从检测到接触时开始计时。 浸入结束时：从到达设定的浸入深度时开始计时。 ※ 急速加热法中开始加热时自动设定，阶梯升温法中依模式自动设定
接触模式	切换接触模式。 可在"导通""应力""导通或应力"中选择。 ※ 急速加热法、阶梯升温法中根据动作自动设定
延迟时间	设定从按下 START 按钮后到测量开始的等待时间。 设定范围：0～99s
时间单位	切换浸入时间的时间单位。 可在"秒""分钟""手动"中选择。 ※ 急速加热法、阶梯升温法中自动设定
基点设定	切换至基点设定画面。 在切换后的画面中，可将当前位置设定为偏移。 ※ 急速加热法、阶梯升温法中无此项目
加热炉速度	仅在急速加热法中可用。 设定作为急速加热升温测量热源的加热炉的上升速度。 设定范围 5～25mm/s（5mm/s 间隔）
加热炉 浸入深度	仅在急速加热法中可用。 设定在微型坩埚夹持臂检测到接触后，浸入作为急速加热升温测量热源的加热炉中的深度。 设定范围 0.7～2.0mm（0.1mm 间隔） ※ 测温用热电偶不影响接触检测。以夹持臂为起点
浸入方法	仅在急速加热法中可用。 可在"仅浸入""浸入>GAP"中选择。 仅浸入：设定为仅浸入。 浸入>GAP：设定为浸入 2 倍距离后返回
测量模式	仅在阶梯升温法中可用。 设定项目：模式 A、B、C、D
零位控制开始	仅在阶梯升温法中可用。 在模式 A、B 下进行零位控制时，设定开始控制的温度。标准为 50～70℃。 设定范围：0～零位控制停止的设定温度（1℃ 间隔） ※ 设定过低则浸入不准，过高则来不及清除
零位控制停止	仅在阶梯升温法中可用。 在模式 A、B 下进行零位控制时，设定停止控制的温度。标准为比液相线温度低 5～10℃ 的温度。 设定范围：预热温度～正式加热温度（1℃ 间隔）

续表

项　　目	概　　要
测量时间	仅在阶梯升温法中可用。 在模式 A、D 下进行再浸入时，将再浸入作为基点设定测量时间。 设定范围：5～15s（1s 间隔）
测量时间标志	仅在阶梯升温法中可用。 设定"测量时间"是否有效。可在"到最后""到测试时间"中选择。 到最后：直至设定的最后温度，结束测量。 到测试时间：再浸入后，在经过测量时间后结束测量

（6）将测量菜单中的接触模式切换为"导通"。

（7）图标设定，设定测量过程中画面所显示图表的标尺。"自动"图表的纵轴自动延展，"固定"图表的纵轴固定。显示范围是"0.1～10.0mN"（量程 10mN 时）、"0.5～50.0mN"（量程 50mN 时）。

（8）装置设定，选择"通信"，与 PC 通信时设定。

（9）调节天平平衡。将夹具安装在夹具支架上，按下 STOP 按钮，打开天平的平衡控制，观察触摸屏上的天平应力显示状态，当显示<｜、>｜<、｜>时，零位自动调节，可进行精确测量。当出现<<｜，或者<<<｜时，打开设备上部的顶盖，通过调整附带的平衡调节用砝码，将天平调节至平衡位置。

（10）取下夹具，将试验样品安装在夹具上（根据需要，可以对试验样品涂敷助焊剂），根据试验样品选择合适夹具，如图 3-12 所示。

图 3-12　试验样品安装示例

（11）将安装了试验样品的夹具固定在夹具支架上，并确保试验样品端部与熔融焊锡液面平行。

（12）确认测试量程等参数设定正确并处于待机状态。

（13）用除渣刮勺清除焊锡槽表面的氧化膜。

（14）按下 START 按钮后，自动调节天平的平衡，若无法平衡则返回到步骤（9）直至天平平衡为止。

（15）天平平衡后，加热炉自动上升。

（16）当试验样品接触焊锡液面后，按照设定参数开始进行测量。

（17）达到设定的浸入时间后，底座自动降至初始位置，测量结束。

（18）关闭电源。

2．焊锡小球测量

（1）将小球加热块放置在加热炉中，并确认热电偶已插入焊锡小球加热块的孔中，务必使热电偶插到底，如图 3-13 所示。

（2）开机，打开电源开关 POWER，接通电源。

（3）单击软件"设定"，设定测量温度，将焊锡小球与适量助焊剂放在铁芯上后，将加热器开关 HEAT 置于"开"，待焊锡小球加热块熔融焊锡。

图 3-13　热电偶插入焊锡小球加热块中

📢 **注意：**

测量结束后，将残留焊锡小球保留在铁芯上，关闭加热器开关，以防止铁芯氧化。

（4）设定条件，在测量待机画面上按下"设定"按钮，切换至参数设定画面，设定测量条件。图表设定、装置设定如焊锡槽测量。

（5）根据需要将试验样品进行处理。

（6）待焊锡小球加热块的温度稳定后，用涂敷了助焊剂的棉棒等清除临时的焊锡。

（7）在铁芯上放置焊锡小球或者切断焊丝（铁芯直径 4mm:200mg，2mm:25mg）。

（8）焊锡熔融后，使用微量移液管等工具滴一定量的助焊剂，去除焊锡表面的氧化膜。

（9）将处理后的试验样品安装在夹具上。

（10）将夹具安装在夹具支架上。

（11）按下 START 键开始进行调平（基点设定），通过调整移动底座上的移动爪，对准试验样品与焊锡小球的位置（测量时使试验样品接触到焊锡小球的中心）。

（12）按下 START 按钮后，开始测量。

（13）测试结束，关闭电源。

3．阶梯升温测量

（1）将阶梯升温测试装置安装在加热炉上，如图 3-14 所示。

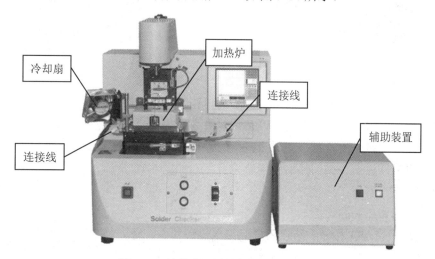

图 3-14　阶梯升温测量装置的安装状态

（2）开机。打开电源开关 POWER，接通电源。

（3）切换至阶梯升温模式。

（4）在测量待机画面上，单击软件"设定"按钮，切换至参数设定画面，设定各个参数（如焊锡槽测量）。在阶梯升温温度设定过程中，设定预热温度、正式加热温度曲线，如图 3-15 所示。图表设定、装置设定如焊锡槽测量。

（5）测试条件设定完毕后，将试验样品安装在夹具上，准备就绪。

（6）充分搅拌焊锡膏。

（7）将治具板（铜板）安装在辅助台的沟槽上，如图 3-16 所示。

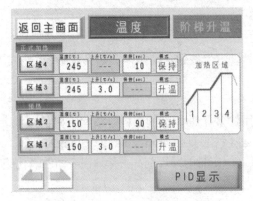

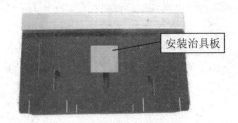

图 3-15　阶梯升温法温度设定画面　　　　图 3-16　将治具板（铜板）安装在辅助台上

（8）沿着辅助台的刻线覆盖焊锡膏印刷用板（刮刀用板）。此时，根据孔的位置，与孔中心相对应的刻线位置会有所不同，如图 3-17 所示。

（9）涂敷适量焊锡膏，如图 3-18 所示。不要漏到印刷用板的缝隙处。

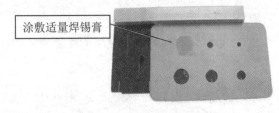

图 3-17　治具板（铜板）安装位置　　　　图 3-18　涂敷焊锡膏

（10）使用焊锡膏印刷用刮勺刮净多余的焊锡膏，此时用手按住印刷板，以免移动。

（11）卸下焊锡膏印刷用板，不可粘带起治具板。

（12）用镊子卸下治具板，完成治具板的焊锡膏印刷。

（13）将治具板安装在加热器的导轨位置上，如图 3-19 所示。

（14）将夹具安装在夹具支架上，并安装好试验样品。

（15）关闭加热炉的炉盖。

（16）按下 START 按钮，将试验样品浸入焊锡膏中，浸入结束后，触摸屏上显示"等待 START"。

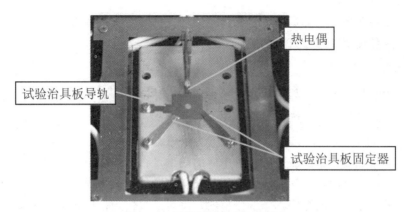

图 3-19　治具板安装在加热器上

（17）等待天平回到平衡状态后，用 Hemisul 盖堵住加热炉上的缝隙，如图 3-20 所示。

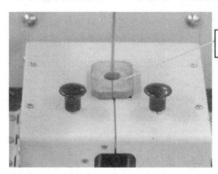

图 3-20　堵住加热炉上的缝隙

（18）再次按下 START 按钮，开始测量。

（19）自动完成测量后，测量结束。关闭电源开关。

3.3.4　仪器维护、保养与注意事项

1．仪器使用注意事项

（1）电源电压波动范围要在额定电压的±10%内，否则可能会引起故障。

（2）万能插座应带有 3P 接地线（或带有接地端子）。如万能插座为 2P 插座，应使用附带的适配器。此时，务必将适配器的接地线接地。

（3）温度范围为 5～40℃。

（4）湿度应在 80%RH 以下。

（5）气压应为 750～1060hPa（1hPa=100Pa）。

（6）附近应无强磁场，也无高频电波的发生源。

（7）设置场所的振动要小。

（8）应回避灰尘较多的场所，避免与腐蚀性气体等有害气体接触。

（9）应避免设置在阳光直射的场所。

2．注意事项

（1）使用加热炉时，勿将手放在加热炉上或旁边，否则会导致烧伤。

（2）在更换焊锡小球加热块或阶梯升温测试装置时，要等待加热炉冷却后再更换，以免烫伤。

（3）焊锡熔融过程中，定时确认热电偶的端部是否与焊锡接触。

（4）在焊锡锅中熔融焊锡时，要将加热块切割到能够放入锅中的大小，再开始熔融。

（5）制成焊锡小球的焊锡为一次性材料，不可重复使用，以免测量结果不稳定。

（6）要预先在焊锡小球加热块上放置焊锡，以防止铁芯氧化。

（7）长时间安装或者卸下夹具时，应将天平平衡控制置于"关"状态。

（8）测量过程中，若出现异常情况，应立刻按下 STOP 按钮终止测量，并将加热炉降至初始位置。

（9）测量开始时，试验样品与液面间的距离应保证在"所设定速度[mm/sec]×1 秒"以上的长度。

（10）在阶梯升温法中，浸入检测采用的是应力接触方式，务必注意防止振动。

3.4　电子薄膜应力分布测试仪操作规程

3.4.1　仪器的基本原理

电子薄膜应力分布测试仪是为解决微电子、光电子科研与生产中基片平整度及薄膜应力分布的测试而设计的。它通过测量每道工序前后基片面形的变化（变形）来计算曲率半径的变化及应力分布，从而计算薄膜应力。该仪器可用于测量 Si、Ge、CaAs 等半导体材料的基片平整度以及氧化硅、氮化硅、铝等具有一定反光性能的薄膜的应力分布。

3.4.2　仪器的基本结构

本仪器主要由测试仪主机、图像采集卡、计算机及有关附件组成。主机部分主要包含前面板（见图 3-21）、后面板、上盖板、可调载物台及安装在内部的各光学组件、电源、运动部件、控制电路（见图 3-22）等部件组成。

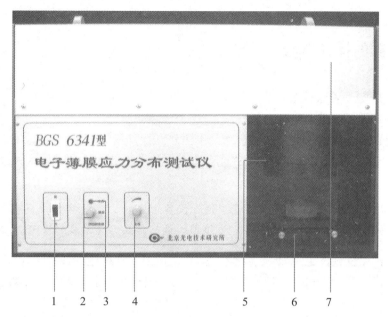

1—电源开关；2—CCD 摄像机旋钮；3—指示灯；4—光强旋钮；
5—准直透镜；6—载物台；7—上盖板

图 3-21　仪器前面板示意图

1—CCD 摄像机；2—检偏镜组件；3—步进电机；4—步进电机；5—剪切镜组件；
6—小准直透镜；7—小孔；8—小反射镜；9—激光器；10—步进电机；
11—直线导轨；12—扩束镜；13—分束镜；14—大反射镜

图 3-22　仪器内部结构图

3.4.3　仪器的操作规程

（1）打开软件 Wafer.exe。

（2）打开设备电源，开机。

（3）把测试试样放入设备测试台上，单击"图像采集"，调节工作台上面的上下左右旋钮，使试样置于中心位置，并调节"光强"及"增益"旋钮，使试样达到最佳亮度。

📢 注意：

若在调节过程中发现没有图片显示，则在设备上方的"激光调整-观察孔"位置观测激光是否被阻挡，应使激光进入孔内，不被阻挡。调节样品台左右旋钮既可。

（4）单击"位置设定""运行到零位"，使图像中的条纹达到最稀疏为止。

（5）单击"应参"输入各参数，前 3 个参数为基底的参数，最后一个参数为膜厚。

📢 注意：

在测试基准样品（即裸硅片）时不用此步骤，镀膜之后测试应力则需要此步骤。

（6）单击"绝对测试"，出现一个圆圈，选择测试范围，开始测试。

（7）测试完成后，保存图片。

（8）数据分析。

① 统计值：W（x,y）表征平面高低的值，S（x,y）表征测试平面内应力的平均值。

② 单击"W"跟"任意截面"，软件中显示的是测试区域内所画线上面的高低起伏情况，坐标指的是图中的坐标，而不是曲线的坐标。

③ 单击"S"跟"任意截面"，软件中显示的是测试区域内所画线上面的应力大小情况。

④ 单击"W"跟"三维分布"，显示的是测试面内高度变化的三维图。

⑤ 单击"S"跟"三维分布"，显示的是测试面内应力变化的三维图。

⑥ 二维分布：第一个图是高度变化图，最后一个图是应力变化图，中间是计算过程中需要的图。

（9）基准：相对基准（比如测试膜应力之前先要测试硅片的应力，保存之后，再测试镀膜后的应力，膜的应力是以保存的硅片的应力为基准测试的）。在测试完膜应力之后，单击基准→相对基准→选择开始保存的硅片的应力，当前测试值为除去基准之后的值。

（10）单击"图像显示"，可以进行"调色"。

（11）硅片测试中剪切方向的调整，单击转回零位。

📢 注意：

设备利用率较高时，过一段时间打开设备顶盖，观测剪切镜调整架的剪切方向基准位置线是否重合（设备中有两个铜环，铜环右侧有两条白线，用鼠标控制"顺时针调整"和"逆时针调整"按钮，使两条白线重合）。

（12）测试完毕，关闭电源开关。

3.4.4 仪器使用注意事项

（1）检查剪切镜组件基准线是否重合，若不重合，运行软件，执行"剪切方向调整"命令，转动剪切镜，使基准线重合。

（2）不使用仪器时，关闭电源开关，断开电源线。

（3）验收完毕后，将±8m 标准样板放置到样板盒中，妥善保管。

（4）基准位置标定完毕后，将平晶放置到样板盒中。

（5）要防止仪器受到强烈的振动和冲击。

（6）仪器须放置在干燥、无腐蚀性气体的场所。

电子器件组装返修篇

第4章　印刷线路板制备工艺仪器设备

4.1　线路板刻制机操作规程

4.1.1　仪器的基本原理

线路板刻制机利用物理雕刻方法，通过计算机控制，根据 PCB 线路设计软件设计的线路文件在空白的覆铜板上去掉不必要的铜箔，形成所需要的线路板。

4.1.2　仪器的基本结构

线路板刻制机主要由控制面板、雕刻头、计算机软件等组成，如图 4-1 所示。

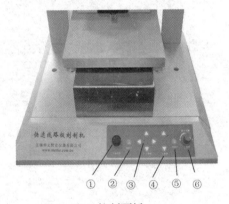

（a）线路板刻制机主机　　　　　　　　（b）控制面板

图 4-1　线路板刻制机

图 4-1 中组成部分介绍如下。

① 主轴启停开关：启动/停止主轴电机。

② 设原点：将当前位置设为原点。

③ Z 粗调：Z 方向位置快速移动。

④ X、Y 粗调：X、Y 方向位置快速移动。

⑤ 回原点：X、Y、Z 回到设置的原点位置。

⑥ Z 微调、试调旋钮：左旋，Z 向下 0.01mm/格；右旋，Z 向上 0.01mm/格；按下则进行试雕。

4.1.3　仪器的操作规程

1．生产加工文件

设计好线路板文件后，需输出机器可执行的加工文件，从而驱动机器刻制出需要的线路板。Protel 99SE/Protel DXP 2004/Proteus/Cadence/Pads/Cam350 等软件均自带了自动输出 Gerber 文件功能。

📢 注意：

　　PCB 文件转换前，要确定当前 PCB 文件是否有 KeepOut（禁止布线）层，如果未设置 KeepOut 层，则需要添加。刻制机软件以 KeepOut 层为加工边界。

2．Protel 99SE 环境

以 Protel 99SE 环境为例，介绍生产软件所需要文件。

（1）生成光绘文件，在 DDB 工程中，选中需要加工的 PCB 文件，在文件菜单中选择 CMA 管理器（CMAManager），如图 4-2 所示。

单击 Next（下一步）按钮，输入加工文件类型，如图 4-3 所示，选择 Gerber 文件格式。单击 Next（下一步）按钮，进入数字格式设置界面，如图 4-4 所示。

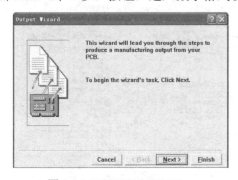

图 4-2　OUTPUT WIZARD　　　　　　　　图 4-3　加工类型选择

选择图示的 Millimeter 和 4:4（即保留 4 位整数和 4 位小数）格式，单击 Next（下一步）按钮进入图层选择界面，如图 4-5 所示。选择布线使用的图层，双面板选择顶层（TopLayer）、底层（BottomLayer）、禁止布线层（Keep Out Layer），单面板选择底层（BottomLayer）、禁止布线层（Keep Out Layer）。

📢 注意：

　　只在 Plot 栏中选择，Mirror 栏不可选择，否则将输出镜像图层，无法与钻孔文件配套。

单击 Finish（完成）按钮，即生成线路板光绘文件 Gerber Output1。

（2）输出钻孔文件。在 CAM Outputs 文件栏中，单击鼠标右键，在弹出的快捷菜单中选择 CAM Wizard 命令，出现如图 4-6 所示的加工文件类型选择界面，选择数控钻孔文件 NC Drill。单击 Next（下一步）按钮，在后续数字格式设置界面中，同样设置单位为 mm

（毫米），整数和小数位数为 4:4，单击 Finish（完成）按钮，生成钻孔文件 NC Drill Output1。

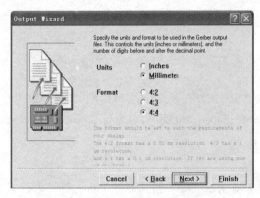

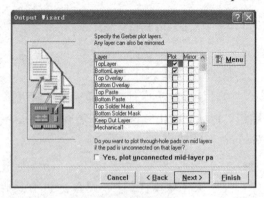

图 4-4　数字格式设置界面　　　　　　　　　图 4-5　图层选择界面

（3）统一光绘文件与钻孔文件坐标。因为钻孔文件的默认坐标系是 Center plots on，所以需把 Gerber 文件的坐标系改成与钻孔文件的一致。在 sp2 的 Protel 99SE 中，右击 Gerber output1 文件，在弹出的快捷菜单中选择 Properties（属性）命令，打开如图 4-7 所示的对话框。选择 Advanced（高级）选项卡，取消选中 Other（其他）选项组中的 Center plots on film 复选框，单击 OK 按钮即可。

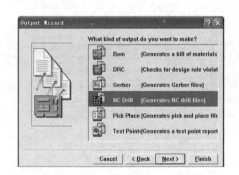

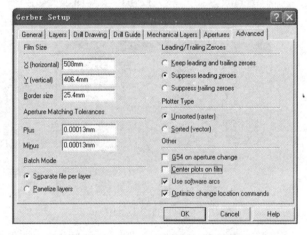

图 4-6　加工文件类型选择界面　　　　　　　图 4-7　Advanced（高级）选项卡

对于有了 sp6 的 Protel 99SE，在 Gerber output1 的属性窗口的 Advanced（高级）选项卡中，选中 Reference to relative origin 单选按钮，如图 4-8 所示。这是钻孔文件默认的坐标系。最后在 CAM Outputs 文件栏中单击鼠标右键，在弹出的快捷菜单中选择 Generate CAM Files（生成 CAM 文件）命令，或直接按 F9 键，生成所有加工文件。这时，左边栏目中会出现一个 CAM 文件夹。右击左边栏目中的 CAM 文件夹，在弹出的快捷菜单中选择 Export（输出）命令，将该文件夹存放到指定位置。

◀》 注意：

其他选项均采用 Protel 软件的默认设置，属性（Properties）窗口，坐标位置（Coordinate Positions）项中，Gerber 文件是忽略前导零（Suppress leading zero），而钻孔文件是忽略殿后零（Suppress trailing zero），切勿修改此两默认项，否则会影响加工文件的正确识别。

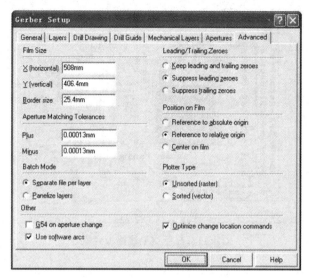

图 4-8　钻孔文件默认坐标系

3．开机

开设备电源，开计算机，打开 Circuit Workstation 软件。

4．打开文件

选择"文件"→"打开"命令，出现文件导入窗口，如图 4-9 所示。选择单/双面板，单击工具栏上的"打开"按钮。

根据 EDA 转出 Gerber 文件类型选择 EDA 栏中的 EDA 软件类型（软件默认为 Protel/Cam350/Cadence），单击"浏览"按钮。根据实际情况设置，若为 Protel 类型，以打开双面板 PCB 文件为例，单击右下方"浏览"按钮，如图 4-10 所示。在窗口中选择加工文件夹中的任意扩展名的文件，如成都市样板.GKO，再单击"打开"按钮。

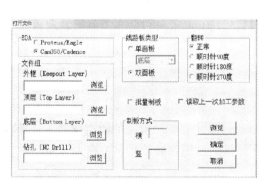

图 4-9　文件导入窗口

图 4-10　选择加工文件

打开后的默认显示层为线路板底层，如图 4-11 所示。

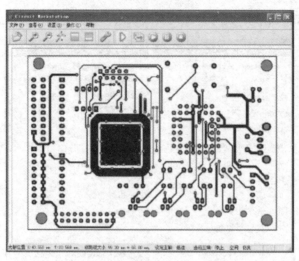

图 4-11　显示层为线路板底层

在窗口下方的状态栏中，显示当前光标的坐标位置、线路板的大小信息、主轴电机的设定与当前状态及联机状态信息。默认的单位为英制 mil，可通过主菜单"查看"→"坐标单位切换"，将显示单位切换至公制 mm。

📢 **注意：**

如果打开过程中出现异常提示，检查 Gerber 文件转换设置是否正确。

5. 固定电路板

电路板刻制机软件设置完成后，选取比设计线路板图略大的覆铜板，在其中一面均匀粘贴双面胶，再将覆铜板贴于工作平台板的适当位置，并压紧、压平。

📢 **注意：**

定位孔在线路板上下沿的左右两边，应在覆铜板左右空出 1cm 距离。

6. 安装刀具

在线路板制作中，双面板的钻孔需要钻头，安装钻头，使用双扳手将主轴电机下方的螺丝松开，插入刀具后拧紧。主轴电机钻夹头带有自矫正功能，可防止刀具安装歪斜。

📢 **注意：**

安装刀具时，请勿取下钻夹头。

7. 调节钻头高度

装好适当的钻头后，打开"主轴启停"，再通过操作控制面板上的粗调按键或计算机软件上的粗调按钮，调节钻头的垂直高度，直到钻头尖与电路板的垂直距离为 2mm 左右。

8. 微调钻头高度

手动调节控制面板上的 Z 微调旋钮，使钻头高度慢慢接近覆铜板左下角。

🔊 **注意：**

一定要保证主轴电机处于运转状态，否则容易造成钻头断裂，并确保当前工作面为底层。

9. 设置定位、钻孔参数

在菜单上选择"操作"→"向导"命令，进入向导界面，如图 4-12 所示。

（1）定位。双面板需打定位孔以保证翻面后雕刻的相对位置准确。打定位孔用 2.0mm 钻头，和定位销配套。定位孔深度：需使平台板上留下 2mm 左右深的孔，默认为 3.5mm。

设置完成后，单击"下一步"按钮，进入状态设置窗口，状态设置界面如图 4-13 所示。单击"定位"按钮。定位完成后，关闭"主轴启停"按钮。钻定位孔时，钻头将以加工原点为参考，按线路板图的 X 方向最大长度，在上下沿左右两端分别向外 6mm 和 8mm 处各钻一个孔，并在左下角的定位孔上多钻一个标志孔，用以区分正反面。一面加工完毕，只需取下线路板，沿 X 方向翻转线路板，对准工作平台上留下的定位孔，放置线路板，并用定位销固定。

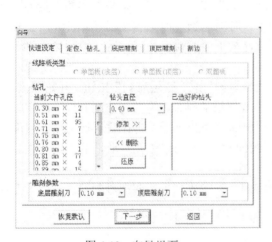

图 4-12　向导界面

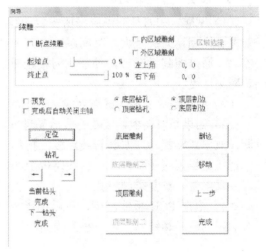

图 4-13　状态设置界面-定位

（2）钻孔。设置各种孔径的实际钻头加工直径。线路板上需要的孔径全部列在左侧栏中，如图 4-14 所示。实际使用的钻头直径列在右侧栏中，中间的下拉框中有工具库中设置的所有钻头。从左栏的第一行开始，根据需要孔径的大小，可从下拉框中选择相近的钻头规格，同时也可以根据需要调整"钻头下降速度"，然后单击"添加>>"按钮，右栏中就会出现对应的选择。单击"<<删除"按钮可删除右栏中的已选择项。应确保所有需要孔径都有实际的钻头孔径与之相对应。

"还原"按钮用以删除右栏中所有的选择。如果是双面板，金属孔化后孔径会略小，所以可适当设置挖孔增量。

（3）设置完成后，换上合适的铣刀，打开"主轴启停"，单击"下一步"按钮，进入状态设置窗口，如图 4-15 所示。在状态设置界面，单击"钻孔"按钮，钻孔完成后，关闭"主轴启停"。

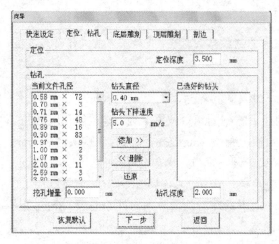
图 4-14　定位、钻孔向导

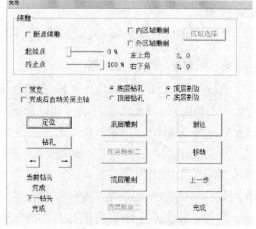
图 4-15　状态设置界面

10．顶层、底层雕刻

（1）试雕。在刀具库中选择所需要的雕刻刀，设置重叠率。重叠率是相邻两次走刀路径的重叠比率，刀尖越大，时间越短，刀尖越小，时间越长，但是效果越好。打开"主轴启停"，通过控制 Z 微调，使雕刻刀接触覆铜板，按下"试雕"按钮，通过控制 Z 微调，确定雕刻深度。

（2）如果是单面板，试雕完成后，单击"顶层雕刻"或"底层雕刻"按钮，开始雕刻。

（3）如果是双面板，试雕完成后先进行底层线路板的雕刻，再关闭控制面板上的主轴电源，取出线路板，左右翻转线路板，把粘在顶层的双面胶撕下，再在底层均匀粘好双面胶，把线路板紧贴于平台上，将线路板上的定位孔与平台上的定位孔对准，插入定位销。打开主轴电源，重复雕刻步骤。

（4）根据 PCB 板线路图，可以选择智能雕刻。智能雕刻采用两把雕刻刀，先用大刀做大面积的隔离和铣刀，再用小刀隔离和铣雕剩下的区域。

11．割边

割边是把板子从整块覆铜板切割下来，选择 0.8mm 铣刀，设置割边速度以及割边深度。完成各项设置后，单击"下一步"按钮进入状态设置窗口，选择"割边"选项卡，如图 4-16所示。

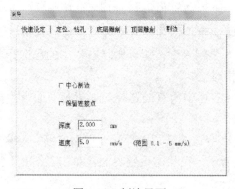
图 4-16　割边界面

12．线路板表面处理

取出线路板，将线路板清理干净后，用细砂纸轻轻地将两面线路打磨一遍，以使线路光滑饱满。

4.1.4　仪器维护、保养与注意事项

1．仪器维护、保养

（1）机器丝杠等机械部分，需要定期加注润滑油，以确保流畅性。

（2）机器连续长时间工作，主轴电机会有发热现象，切勿连续工作超过 6 小时。

（3）线路板制作完成后，应将工作台面清理干净，避免留下双面胶等残留物，以保证下次使用时板的平整。

2．注意事项

（1）环氧树脂底板经长期使用，厚度小于 5mm 后需更换。

（2）安装钻头、雕刻刀时，不要把转夹头旋下，否则不容易装正。装刀时尽量装深一点，否则易引起刀夹不正，导致高速旋转时声音过响，甚至断刀。注意，必须收紧夹头。工作状态下，如发现刀头过深或过浅，可通过 Z 微调旋钮随时调节主轴高度，注意调节需缓慢。

（3）如 X、Y、Z 长时间停留在两侧极限位置，设备将自动进入断电保护状态，所设置的参数将丢失，请谨慎操作，尽量避免将 X、Y、Z 移至两侧极限位置。

（4）打开文件时，如果提示错误或打不开 Gerber 文件，检查设计线路图是否有禁止布线层（Keepout Layer），或检查输出 Gerber 文件时的参数设置是否合适。

（5）覆铜区域的填充模式（Fill Mode）应设置为网格型 Hatched（Tracks/Arcs），不能设置为实心型 Solid（Copper Regions）。若设置成 Solid 填充模式，本软件打开的 PCB 图有可能发生变形。

（6）为提高雕刻加工的速度，在覆铜前，可将规则（Rule）中的最小间距（Minimum Clearance）参数增大至 10mil（1mil=25.4μm）以上，以减少使用 0.1mm 刀具加工的面积。

4.2　曝光机操作规程

4.2.1　仪器的基本原理

曝光机可用于各种印刷板的大功率抽真空曝光,曝光过程为一次曝光(或者二次曝光),利用橡胶封垫与工作玻璃接触，形成一个供安放原稿与印版的密封片室。用真空泵抽出片室内的空气，使室内形成真空，真空负压使原稿与印版紧密贴向工作玻璃平面，碘镓灯光

源在预定的时间内，由下而上垂直对印版的感光层曝光，曝光结束即完成曝光。

4.2.2　仪器的基本结构

曝光机主要由控制面板、灯具、橡胶密封垫、玻璃板架、橡皮布、电气驱动等组成，如图 4-17 所示。

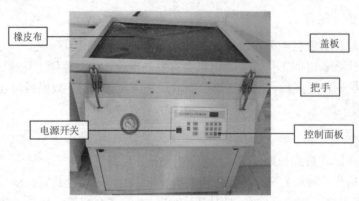

橡皮布　　　　　盖板　　把手　　电源开关　　控制面板

图 4-17　曝光机

4.2.3　仪器的操作规程

（1）打开电源开关，机器开始进入初始状态，显示窗显示内存的曝光时间，玻璃晒框处于锁紧状态，真空泵、冷却风机、安全灯开始工作。

（2）根据需求，修改曝光参数，按"真空"键，修改真空延时时间，再按"曝光"键，修改曝光时间。

（3）装版，当机器进入初始状态并确认参数后，打开玻璃晒框，在橡皮布下放置好感光版和原稿，装版结束后，合上玻璃晒框并锁紧把手。

（4）曝光程序。

① 直曝式曝光程序。

❑ 微机得到晒框锁紧信号后，按微机板上的启动键，真空泵启动工作，显示窗显示真空延时时间，并以减 1 方式递减显示，直到 000，真空延时结束。

❑ 显示窗显示曝光时间，微机自动发动触发信号，点燃碘镓灯光源，显示窗以减 1 方式递减，显示 000，曝光结束。

❑ 微机自动熄灭光源，同时蜂鸣器发出报警提示，历时 5 秒。报警结束后，一次曝光程序执行完毕。

② 快门开闭式曝光程序。

❑ 微机得到晒框锁紧信号后，启动真空泵，同时发出触发信号，点燃碘镓灯（半功率工作），显示窗显示真空延时时间。

- ❏ 显示窗以减 1 方式递减显示，直到 000，真空延时结束。
- ❏ 显示窗显示曝光时间并开始减数，快门打开，光源由半功率转换成全功率工作，开始对感光版材曝光，显示递减至 000，曝光结束。
- ❏ 微机自动关闭快门，全功率转换成半功率。
- ❏ 蜂鸣器发出报警提示，历时 5 秒，报警结束后，一次曝光程序执行完毕。

（5）曝光结束后，松开晒框把手，真空泵停止工作，揭开玻璃晒框，取出感光版和原稿。

（6）关闭电源。

📢 注意：

操作时应注意开关机顺序（机器不使用时，曝光处于锁紧位置）。开机时，应先打开电源开关，后松开曝光把手。关机时，应先松开把手，关机后再锁紧。如果在开机前已经装版，并已经锁好，开机曝光前也应先松开把手再锁紧，微机才能执行程序。

4.2.4　仪器使用注意事项

（1）机器必须可靠接地，并且要求定期检查。

（2）机器长时间连续工作，曝光结束后应让冷却风机工作数分钟后，方可关机。

（3）本机灯管系金属卤素灯，点燃后需要一段时间的预热，才能达到额定功率。

（4）碘镓灯管不能热态触发，长时间工作的灯管熄灭后，再经数分钟冷却后才能再次点燃。

（5）光源工作时散发的紫外线较强，对人体有害，操作时应注意防护。

（6）灯管使用久会自然老化，灯管发黑，令曝光时间延长，这时应更换灯管。更换灯管时，灯管引线需加套瓷套管，且灯管两端引线绝不能搭壳。

（7）应避免真空泵在无油状态下工作，定期给真空泵加油（2～3 个月一次）。无油真空泵不需保养。

（8）曝光时，应保持原稿和感光版的清洁，避免灰尘吸入真空泵内，影响真空泵的使用寿命。

（9）机器长时间停用，如发现真空不足，可在橡皮布的边框条上打一层工业用蜡。

4.3　立式喷淋洗网机操作规程

4.3.1　仪器的基本原理

立式喷淋洗网机主要针对曝光后的 PCB 板，通过一定浓度的显影液，在不同的喷淋温度、喷淋时间下，对其进行喷淋，洗掉多余的阻焊剂。

4.3.2　仪器的基本结构

立式喷淋洗网机主要由喷淋室、控制面板、注液口等组成，如图 4-18 所示。

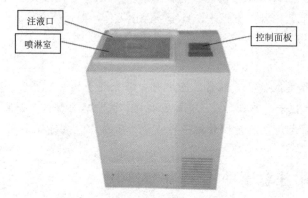

图 4-18　立式喷淋洗网机

4.3.3　仪器的操作规程

（1）在配液体容器加入 15～20L 水，然后加显影粉 1kg，搅拌均匀。

（2）将配好的显影液体加入槽中，加到 15～20L。

（3）开机，开始初始化，进入操作系统界面，如图 4-19 所示。

（4）在操作系统界面，单击"计时"，开始进行喷淋时间设定，设定完成后，单击 OK 按钮，返回操作系统界面。

（5）在操作系统界面，单击"当前温度"，进入如图 4-20 所示的界面。通过上下调节键，调节加热温度，设定好温度后单击 OK 按钮，返回操作系统界面。

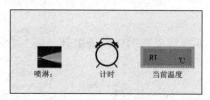

图 4-19　操作系统界面

图 4-20　温度设定界面

（6）将板子或丝网悬挂在喷淋室中，确保盖子关闭好后，单击"喷淋"，开始喷淋。

（7）喷淋完成，去除板子或丝网后，关机。

4.3.4　仪器使用注意事项

（1）操作过程中要佩戴手套。

（2）药液须及时回收，过滤网须及时清理。

（3）显影粉不可放过多，造成浓度过大。

4.4　金属孔化箱操作规程

4.4.1　仪器的基本原理

金属孔化箱用于双面板制作过程中的过孔、焊盘孔金属化，孔化箱采用黑孔化直接电镀工艺，通过控制输出电流、定时时间等，实现 PCB 板的孔化过程。

4.4.2　仪器的基本结构

金属孔化箱主要由电流表、控制按钮、电镀槽等组成，如图 4-21 所示。

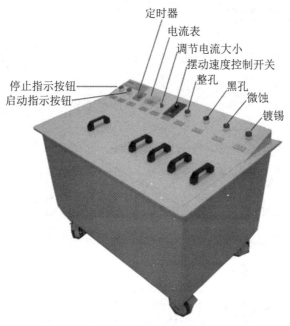

图 4-21　金属孔化箱

4.4.3　仪器的操作规程

（1）整孔：先将配比后的整孔液（去离子水：整孔原液=20∶1）加温至 60℃，把钻孔后的线路板放入整孔液中浸泡，并上下轻轻摇晃 3～5min。整孔是对线路板的孔洞进行清理，处理金属碎屑及杂质，并将孔壁表面的电荷极性调整为负极性，以便吸附石墨和碳黑。

（2）清洗：用去离子水清洗孔内和表面多余的残留液。

（3）干燥：用电吹风将线路板吹干。

（4）黑孔化处理：将干燥后的线路板置于黑孔液中浸泡，上下轻轻摇晃 3～5min，通过物理吸附作用，使孔壁基材的表面吸附一层均匀细致的石墨碳黑导电层。

（5）烘干：将黑孔液浸泡后的线路板直接放入 95～100℃的热风循环烘箱中，5min后即干。

（6）微蚀：取出烘干后的线路板，放入微蚀液中，把线路板表面多余的黑孔剂去除，仅使石墨碳黑吸附在孔壁上。

（7）清洗：将线路板置于清水中轻轻摇晃，确保洗尽残留微蚀液。

（8）电镀：将清洗后的板子直接放入 $CuSO_4$ 电镀槽，确认所有接线是否连接正确，无误后即可电镀。用挂具夹好线路板，挂在电镀槽的阴极铜管上。确保线路板完全浸在电镀液里。开启电镀电源，设定为恒流，电流勿太大，否则容易导致烧板。根据线路板大小设定电镀电流大小。

（9）镀锡：电镀完成后，将板子放进镀锡液中镀锡。

4.4.4　仪器使用注意事项

（1）溶剂极具腐蚀性，建议使用橡胶手套工作，应及时用清水冲洗沾在皮肤上的溶剂，一定要避免溶剂溅入眼睛，更不能饮用。

（2）黑孔液应放在阴凉干燥处保存，使用后切记要封存，以避免溶剂挥发造成浓度改变，影响电镀质量。

（3）电镀液要进行专业处理，不可随便倾倒。

4.5　热转印机操作规程

4.5.1　仪器的基本原理

热转印机是运用热升华原理，将图纸上的图像在热以及压力的作用下转移到覆铜板上的一种印刷工艺设备。

4.5.2　仪器的基本结构

热转印机主要由控制面板、输入导轮等组成，如图 4-22 所示。

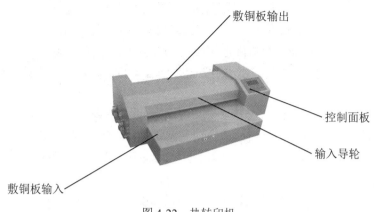

敷铜板输出

控制面板

输入导轮

敷铜板输入

图 4-22　热转印机

4.5.3　仪器的操作规程

1．绘制电路原理图和 PCB 布线图

所有元器件的外形尺寸、封装形式及引线顺序；最小线宽及线间距≥8mil（0.2mm）；焊盘内径为 20～40mil（0.6～1mm）；外径≥60mil（1.5mm）；IC 引脚可以设计成椭圆形。

2．打印图纸

（1）用可走厚纸的激光打印机，将转印纸放入打印机。

（2）单面板：使用 Autium Designer 打开扩展名为 PCB 的文件，选择 File→page setup 命令，弹出 Composite Properties 对话框，Size 选择 A4，Portrait（纵向打印），Scale Mode 选择 Scaled print、scale 改成 1.00，Color Set 选择 mono 方式→单击 advanced，弹出 PCB Printout Properties 对话框，选取所需层，删除不用的层。如打印 Bottom 层，将左侧的 Top Overlay 和 Top Layer 删除，选取 BottomLayer、MultiLayer、KeepoutLayer，并将 MultiLayer 移至最前面，Include Components 中全部打 √，Printout Options 中 Holes 打 √→单击打印。

（3）图纸打印到"专用转印纸"的亚光面。

3．裁切覆铜板

（1）覆铜板去油污、锈渍：先用砂纸或钢丝球打磨覆铜板，然后在预先准备好的腐蚀液中浸泡 10ms，最后用清水冲洗晾干或用干净布擦干。

（2）按照实际尺寸裁切覆铜板，注意裁板尺寸要略大于实际图形。

4．图形转移

（1）打开转印机电源，转印机开始自检和预热。

（2）设置参数。

① 速度调整：按 SETB+▲，SP 值增加；按 SETB+▼，SP 值减少。调节 SP 值大小，可以调节速度的快慢，常用 15～25。速度调节与覆铜板厚度及大小有关。

② 定影系数：按 SETA+▲，定影值增加；按 SETA+▼，定影值减小。设置定影值在 150 左右。定影值大小与板材有关（定影系数即为加热温度）。如果揭膜后介质图像呈深红色，则按 SETA+▼将定影系数值降低（或按 SETB+▼将速度值调小 1～2 个数值）。如果介质图像呈白色，且有较多残留物，则按 SETA+▲键将定影系数值调高（或按 SETB+▲将速度值调大）。

③ 参数调整好之后，同时按▲、▼键，或 2s 后自动保存。

（3）单面板：将图纸与覆铜板的铜箔正面贴实，并用胶带固定；如果是做双面板，先利用灯箱将两面图形对正，并用胶带固定（避免两面图纸错位），再将双面覆铜板插入两张图纸中间并固定。

（4）前导轮间隙设置：根据制板用的铜箔板厚度设置前导轮间隙，旋转左前侧摇把，在前导轮张开的状态下将 PCB 板放入前导轮的上下轮之间，然后将摇把向闭合方向缓缓旋转，使刚好压住板，且板还能在前导轮之间挪动，但不能抽出，保持此时的摇把位置。

（5）后导轮间隙设置：根据铜箔板厚度设置后导轮间隙，旋转左后侧摇把，在后导轮张开的状态下将板放入后导轮之间，然后将摇把向闭合方向缓缓旋转，使刚好压住板，且此板还能在后导轮之间挪动，但不能抽出，再略向闭合方向旋转压紧一些，保持此时的摇把位置。

（6）启动转印机，进行图形转移。每次进板时按一下▲，此时才为工作状态，电机连续旋转工作。10min 后会自动转成待机状态，如果需要继续转印工作，需按▲。

（7）待自然冷却到室温后，揭去转印纸。

（8）如遇到"断线"或"砂眼"，可用"油性"签字笔或用酒精松香溶液（助焊剂）修复。

4.5.4　仪器使用注意事项

（1）转印机内有高压，禁止拆装。

（2）请勿将手指、衣襟、头发等贴近转印机导轮，以保证人身安全。

（3）注意转印机必须接地，否则会导致电击。

4.6　高速台钻操作规程

4.6.1　仪器的基本原理

高速台钻主要用于印制板钻孔，以高速无刷电机为动力机，采用变频电源驱动的三相高速无刷电机，进行 PCB 钻孔。

4.6.2　仪器的基本结构

高速台钻主要包含台面、钻臂、钻头等，如图 4-23 所示，其能够实现 2mm 以内的钻孔直径。

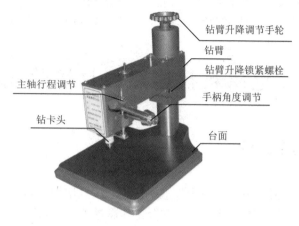

图 4-23　高速台钻

钻臂升降调节手轮
钻臂
钻臂升降锁紧螺栓
主轴行程调节
手柄角度调节
钻卡头
台面

4.6.3　仪器的操作规程

（1）调节钻臂高度。松开钻臂升降锁紧螺栓，旋转钻臂升降调节手轮，钻臂应沿立柱上下移动，调整到位后将钻臂升降锁紧螺栓紧固。

（2）手柄角度调整。松开手柄角度调节螺母，使手柄活动并和连接轴脱离连接，安装钻头并将钻头中心与台面上的孔中心对齐。压下手柄，使钻头进入台面上的孔深约 1mm，抬起手柄，应能换钻头即可。将手柄角度调节螺母锁紧。

（3）打开电源，待电源上的输出指示灯亮起，系统准备就绪。

（4）根据 PCB 板孔的大小，用转卡头锁紧扳手，安装对应的钻头。

（5）开启台钻上的电源开关，按 run/stop 键，按一下开始，再按一下停止。白色旋钮调频率（即钻速），一般为 100～150Hz。

（6）将 PCB 板放入钻台上，用手压紧电路板，将钻头对准。

（7）将右侧手柄手动慢慢按下，等到没有钻头接触板的声音时，说明钻头穿透了 PCB 板。

（8）钻孔完成后，手动抬起，更换位置。

（9）全部钻孔完成后，关闭电源。

4.6.4　仪器使用注意事项

（1）机器长时间闲置时，涂油放置避免生锈。

（2）机器在运行过程中，不可触碰钻头，防止受伤。

（3）机器放置处应远离腐蚀性气体。

（4）在钻孔过程中不得移动，以免钻头折断。

（5）钻头进刀速度应适中，以防毛刺过大。

（6）钻台使用前，检查穿戴，扎紧袖口，带工作帽防止长发被机器缠绕。

（7）严禁戴手套操作钻台，严禁用钻台加工金属物品。

（8）钻台出现噪声变大或振动等故障时，应立即切断电源。禁止自行拆卸。

4.7   电路板快速腐蚀机操作规程

4.7.1   仪器的基本原理

电路板快速腐蚀机采用恒温、恒压气泡爆炸原理，利用均匀喷射腐蚀方法，在三氯化铁溶液中将敷铜板上已转印的未保护铜箔部分快速腐蚀掉，得到所需要的电路部分。

4.7.2   仪器的基本结构

电路板快速腐蚀机主要由气泵、腐蚀箱、加热棒、气管等组成，如图 4-24 所示。

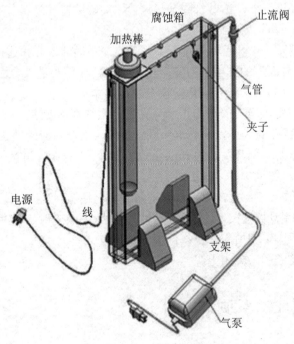

图 4-24   电路板快速腐蚀机

4.7.3　仪器的操作规程

（1）配置腐蚀液。根据配方配置腐蚀液。

配方 1：三氯化铁 600g+水 1000ml，蚀刻温度 70～90℃（该系统配的腐蚀槽温度不够）。

配方 2：过硫酸钠：水=1：10（或购买"PCB 板腐蚀剂"），蚀刻温度 55℃。

（2）将配制好的腐蚀液倒入腐蚀槽中，液体加到指示灯位置。

（3）把通过转印机转印好的敷铜板卡在腐蚀机卡具上。

（4）当恒温后，加热棒指示灯灭，将固定好的电路板放入腐蚀机的腐蚀液中，5～10min（腐蚀速度与腐蚀液的浓度及温度、腐蚀铜箔的面积有关）即可腐蚀完毕。

📢 注意：

腐蚀过程中注意查看腐蚀情况。

（5）腐蚀完成后，取出电路板，用清水冲洗干净即可。

4.7.4　仪器使用注意事项

（1）使用完毕后，应拔掉电源插头。

（2）每次使用后，倒出腐蚀液，在塑料容器内存放，然后用水冲洗腐蚀机底部的沉积物，并保证机底气孔畅通。

（3）使用过程中应轻拿轻放，以防箱体损坏。

（4）操作过程中应该戴耐酸碱橡胶手套。

（5）腐蚀机在长时间加热过程后箱体两侧略有膨胀变形，属于正常情况，不影响使用，注意即可。

第5章　表面组装与返修工艺仪器设备

5.1　高精密锡膏印刷机操作规程

5.1.1　仪器的基本原理

高精密锡膏印刷机可将准备印刷的电路板固定在印刷定位台上，再通过印刷机的左右刮刀将焊锡膏通过钢网网孔漏到相对应的焊盘上面，印刷完成后，再将电路板输送到贴片机，进行自动贴片。它是实现焊料在电路板对应位置印刷的仪器设备。

5.1.2　仪器的基本结构

高精密锡膏印刷机主要由印刷座、刮刀、电气操作面板、空气压缩机等组成，如图 5-1 和图 5-2 所示。

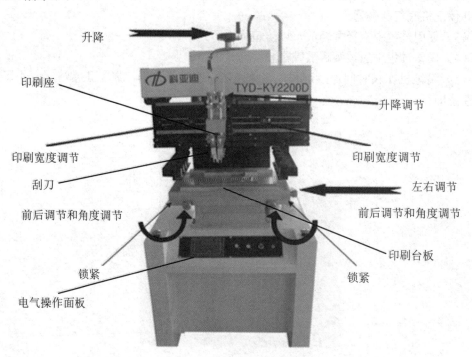

图 5-1　高精密锡膏印刷机

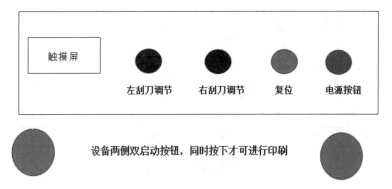

图 5-2　电气操作面板

5.1.3　仪器的操作规程

（1）将印刷座向上掀举 45°角并固定，将刮刀安装在印刷座底端。

（2）将电路板放置在印刷台板上，根据电路板的大小，调整定位 PIN 的位置。将电路板放置在定位 PIN 上后，拧紧固定螺丝。

（3）对版。

① 依据电路板的位置，将钢板置于钢板座中，电路板之上。

② 调节钢板座上升、下降键，将钢板座下降至下始点，并根据电路板厚度移动钢板位置，确定印刷间距。

③ 调节钢板的位置，对准丝网印点。

④ 固定钢板，再利用台版微调键调节工作平台，使线路板与钢板精确吻合。

⑤ 拧紧钢板固定螺丝（注意对称固定螺丝，以免出现歪曲）。

（4）印刷行程设定。电路板对位完成之后，调节印刷座后面的左右感应开关，根据钢板图样、印刷尺寸大小设定左右感应开关的位置。

（5）在印刷座上安装刮刀。

（6）调节调整螺丝，调整刮刀高低。

（7）刷焊锡膏：在钢板上距离丝网印点的一侧，刷上一定厚度的焊锡膏。

（8）打开空气压缩机。

（9）按下设备的电源开关，进入系统，如图 5-3 所示。

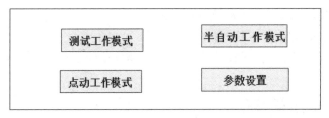

图 5-3　系统界面

（10）单击"参数设置"，进入参数设置界面，如图 5-4 所示。

图 5-4　参数设置界面

设置左上停，左下停，右上停，右下停：此为刮刀在上升或者下降时停顿的时间，其值是 0.1s。参数设定完成后返回。

（11）将焊料放置在钢板两侧，即电路板两侧，刮刀朝向电路板侧。

（12）点击触摸屏"半自动工作模式"，进入半自动工作界面，如图 5-5 所示。通过观察工作界面"上位""下位"确定印刷板上下限，"左位""右位"确定刮刀左右限。

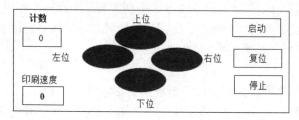

图 5-5　半自动工作界面

（13）在"半自动工作模式"下，同时按下设备两侧双启动按钮，开始印刷。

（14）利用设备的手动工作模式，即"点动工作模式"，进行手动印刷。

① 单击"点动工作模式"，进入点动工作界面，如图 5-6 所示。

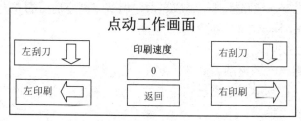

图 5-6　点动工作模式

② 同时按下双启动键，使钢板接触电路板。

③ 按下 左刮刀⬇，左刮刀下降，长按 右印刷➡，进行印刷。

④ 按下 右刮刀⬇，右刮刀下降，长按 左印刷⬅，进行印刷。

5.1.4　仪器使用注意事项

（1）实验前，清洗模板与刮刀，保证模板与刮刀的清洁。

（2）注意实验安全，在实验操作过程中，带上实验手套，以免手上粘有焊料。

（3）在操作过程中，熟练掌握操作步骤及方法，或在教师的指导下完成实验，不得随意改变实验参数，以免损坏设备。

5.2　全自动贴片机操作规程

5.2.1　仪器的基本原理

贴片机实际上是一种精密的工业机器人，它是机、电、光以及计算机控制技术的综合体。它通过吸取-位移-定位-放置等功能，在不损伤元件和印制电路板的情况下，实现了将 SMC/SMD 元件快速而准确地贴装到 PCB 板指定的焊盘位置上。

5.2.2　仪器的基本结构

贴片机主要由计算机软件和主机组成，主机包含供料架、电路板传送带、X-Y 轴伺服系统、视觉系统（包括上视摄像头和下视摄像头）、吸嘴等，如图 5-7 所示。

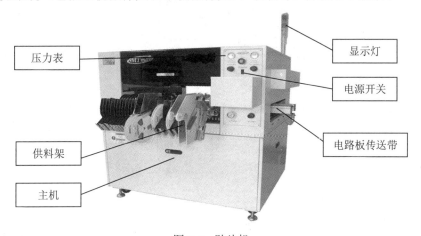

图 5-7　贴片机

5.2.3　仪器的操作规程

1. 软件安装

（1）在 C 盘目录下建立一个新的文件夹（文件夹不可放在桌面上），并命名。

（2）复制 QM3000.exe 软件到步骤（1）的新建文件夹中。

（3）复制.dll 文件到步骤（1）的新建文件夹中，或者复制到/windows/system32 文件夹中。

（4）将 P2V test.txt 文件存放在步骤（1）新建的文件夹中，否则系统无法正常进行。

（5）建立快捷方式。按住鼠标右键，把 QM3000 的图标拖到桌面上，选择"在当前位置创建快捷方式"即可。

（6）在步骤（1）建立的文件夹中建立两个新的文件夹，分别为 config 和 parts。

① 贴片机的参数设定文件 PX3000A.ini 在 config 文件夹中。

② 所有计算机视觉照片要放在 parts 文件夹中。

（7）复制其他 PCB Gerber 文件和贴片文件到步骤（1）建立的文件夹中。

2．参数设置

（1）打开贴片机电源，打开空气压缩机。

（2）双击打开 QM3000 的图标，贴片机执行回到初始点的动作。

（3）基本参数设置。贴片机的一些关键数据可以通过"参数设置"对话框检查和调整，如图 5-8 所示。

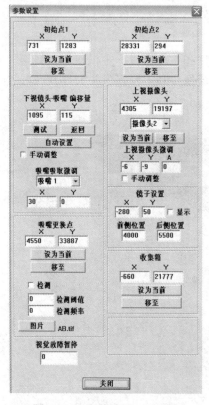

图 5-8　"参数设置"对话框

设置"初始点 1"和"初始点 2"。"初始点 1"和"初始点 2"是贴片机下视摄像头对应的位置，将贴片机下视摄像头移动到机器设定位置后，单击"设为当前"按钮，则初始点坐标设置完成。开机后会自动调整它们的坐标到初始点设定位置。

"下视镜头-吸嘴　偏移量"的值表示从下视摄像头到贴片机吸嘴之间的距离。可以调整下视摄像头与吸嘴之间的距离。

方法 1：

① 更换最小的吸嘴。

② 移动贴片头到一个标志或者一个元器件。

③ 将下视摄像头对准标志的中心，单击"测试"键，按+Z键让吸嘴向下移动，靠近该标志。

④ 检查吸嘴是否对准该标志。

⑤ 对准完成后，则"下视镜头-吸嘴　偏移量"设定完成。如果不准，返回②重复进行。

方法 2：

① 对标志进行拍照保存，另存为 cameraoffset.tif，照片保存在 Parts 文件夹中。

② 移动吸嘴到该标志，降低吸嘴高度，然后把吸嘴的中心精确地对准该标志的中心。

③ 单击"自动设置"按钮，贴片机就会自动设置下视镜头-吸嘴偏移量。

④ 检查该值，如果该值仍然不对，重复上述操作。

❑　吸嘴吸取微调：此数值会影响吸嘴从料架上吸取元器件时的位置，不会影响贴装的位置，如果吸嘴在长期使用之后歪了，应更改该值。

❑　手动调整：选中该复选框，可手动调整摄像头的相对值。

❑　上视摄像头：移动贴片机下视摄像头位置到软件十字标中心，单击"设为当前"按钮，设定上视摄像头的位置。

❑　吸嘴更换点：移动贴片机下视摄像头到设备操纵者手动换吸嘴的位置，此位置可设置为贴片机可移动到的任意位置，单击"设为当前"按钮。

❑　上视摄像头微调：补偿上视摄像头的实际位置，以便更精确地对准精密管脚芯片。当完成一次贴片后，如果贴装位置是偏的，选中"手动调整"复选框，然后移动贴片机下视镜头，对准元器件的中心，再取消选中"手动调整"复选框，"上视摄像头微调"调整完成。

❑　收集箱：定义了当计算机视觉对中系统不能辨别元件时此元件将被扔掉的位置，将贴片机下视摄像头移动到某个位置，单击"设为当前"按钮，则收集箱设定完成。

❑　视觉故障暂停：定义机器在运行过程中发生多少次检测失败之后停止。

3．装载 PCB 文件

单击读取，选择要装载的 PCB 文件。

4．供料架设置

显示所有进料器的参数，在程序默认的软件中包含了 12 个进料器，如图 5-9 所示。

（1）单击"添加供料架"按钮，添加一个新的进料器。

（2）输入"编号"，为输入栏中所注明的进料器。

（3）选择进料器所使用的吸嘴编号。

（4）设定步数，即每一次吸取时空气气缸所撞击进料器的次数。

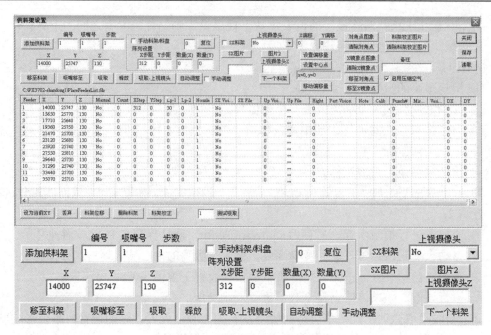

图 5-9　"供料架设置"对话框

（5）手动料架/料盘：表示该进料器是手动进料器还是料盘。当使用手动进料器或者料盘时，需设置 X 步距和 Y 步距，表示 X、Y 方向两料之间的距离。数量(X)、数量(Y)表示 X、Y 方向料的数量。

（6）QM 料架：表示在吸取之前是否通过下视摄像头检查进料器，对进料器拍照保存。

（7）QM 图片：表示 Vision-1 所使用的照片。

（8）选择上视摄像头：表示是否使用上视摄像头检测该进料器所吸取的芯片，使用的是哪一个摄像头，以及对中时间的长短。

（9）图片 2：表示 Vision-2 所使用的照片。

（10）移至料架：把下视摄像头移至进料器所设置的位置。

（11）吸嘴移至：单击此按钮，停留在待吸取的位置。

（12）吸取：从当前进料器设定位置吸取一个芯片。

（13）释放：在当前位置释放芯片。

（14）吸取-上视镜头：吸取并移动到上视摄像头 2。

（15）自动调整：在吸取一个芯片并移动到上视摄像头 2 后单击该按钮，会执行视觉对中。在执行过程中，X 和 Y 的偏移量会反馈进料器的位置。

（16）手动调整：具有与"自动调整"相同的作用，吸取到上视摄像头后，手动移动 X 和 Y 到元器件中心，从而调整进料器位置。

（17）下一个料架：移动到下一个进料器的位置，这一部分功能主要是针对上视摄像头无法看到全貌的大元器件。首先吸取元器件移动到上视镜头，手动将芯片调正并移至中心位置，然后单击"设置中心点"按钮，手动移至芯片的一个角上，单击"设置偏移量"按钮并拍照，再单击"移至对角点"按钮并拍照，最后单击"移至 X 镜像点"按钮并拍照。第一张照片对应"图片 2"，第二张照片对应"对角点图像"，第三张照片对应"X 镜像点图像",如图 5-10 所示。

（18）料架校正图片:用来自动调整料架位置的图片,如图 5-11 所示。

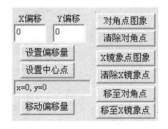

　图 5-10　大元器件对位设置　　　　　　　图 5-11　自动调整料架位置

（19）启用压缩空气:单击"吸取"按钮时,料带自动推进。此选项一般用于进料器调整。

（20）设为当前 XY:把当前 X、Y 位置设置为下视摄像头位置。

（21）丢弃:把当前吸取的元器件丢弃到"收集箱"。

（22）料架校正:标定所有有照片的进料器,通过光学系统自动调整每一个进料器的 X、Y 位置,如果标定失败,则需要手动调整。

（23）删除料架:删除当前进料器。

应特别注意的是,纸带进料器吸取的元器件必须是当气缸下压时暴露出的那个元器件,这样可以避免气缸下压后元器件跳出,如图 5-12 所示。

图 5-12　纸带进料器正确的吸取位置

使用"吸嘴移至""吸取"或者"吸取-上视镜头"键,尝试吸取元器件,以进一步调整吸取位置,如图 5-13 和图 5-14 所示。

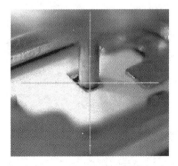

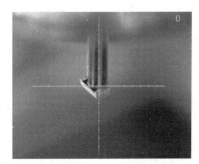

　图 5-13　吸取元器件在吸嘴的正中心　　　图 5-14　使用"吸嘴移至"检测吸取的准确位置

5．创建一个元器件列表

元器件列表可以直接在计算机显示屏幕中获得，其步骤如下。

（1）下载 PCB 设计图，单击"读取 PCB 文件"，在贴放元器件正中心的位置上单击选中，然后右击，打开"添加元件"对话框，如图 5-15 所示。

（2）元件名：定义元件名。

（3）料架编号：选择贴放该元器件所使用的进料器编号。

（4）Z 深度：根据元器件距离 PCB 板的距离，设定贴放该元器件 Z 轴向下走的步数。

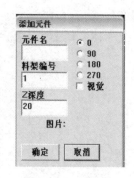

图 5-15　元件添加

（5）设定贴放该元器件需要旋转的角度，然后单击"确定"按钮，就可以把该元器件添加到"贴装设置"对话框中，如图 5-16 所示。

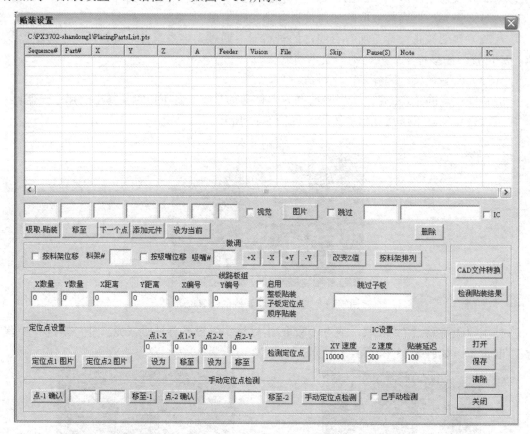

图 5-16　"贴片设置"对话框

（6）打开：打开一个已经保存的元器件列表。

（7）保存：保存该元器件列表。

（8）清除：清除当前元器件列表中的所有参数，但不影响已保存的文件。

（9）吸取-贴装：从指定的进料器吸取元器件，然后放到该选择元器件指定的贴装位置。

（10）移至：把下视摄像头移动到指定的元器件位置。

（11）下一个点：移至下一个贴片点。

（12）添加元件：添加一个元器件到元器件列表中，该元器件的位置就是下视摄像头当前所在的位置。

（13）设为当前：把当前摄像头所在的位置设定为元器件位置。

（14）删除：删除一个当前选定的元器件。

（15）改变 Z 值：更改 Z 方向的步数，即更改所选元器件的 Z 向位置。

（16）按料架排列：自动将贴装点按照使用的料架进行整理排列。

6．定位点设置

该列表设置线路板上参考点的相关参数，如图 5-17 所示。

图 5-17　定位点设置

在线路板上选定两个点作为定位点。一般选择为左下角和右上角。

（1）将下视摄像头对准定位点 1，并保存图片。

（2）点 1-X，点 1-Y 下面的"设为"。把当前下视摄像头的 X、Y 坐标设定为参考点坐标。

（3）将下视摄像头对准定位点 2，并保存图片。

（4）点 2-X，点 2-Y 下面的"设为"。把当前下视摄像头的 X、Y 坐标设定为参考点坐标。

（5）定位点 1、定位点 2 设置完成后，单击"检测定位点"按钮，实施检测定位点后，所有的贴装位置会改变为正确位置。

（6）在主视窗中，选中"线路板定位点"，使该功能工作。

（7）移至。通过选择该功能，可以使贴片头移至参考点位置。

注意事项如下。

① Z 值的设定是贴片机吸取与贴放的关键。如果吸嘴太高，不能吸起元器件；吸嘴太低，将把元器件推入纸带中。

② 进料器被推元器件与气缸之间的距离大约为7mm。料带必须正确地安装在进料器上。吸取的元器件应该是被料带盖刚刚覆盖的元器件，而不是已经暴露在外的元器件。

③ 调整压缩空气的压力，当压缩空气压力过大，进料器会震动；压缩空气过小，料带不能被压到正确的位置。

7．计算机视觉对中

计算机视觉对中系统的相关设置在软件的主界面视窗上，如图 5-18 所示。

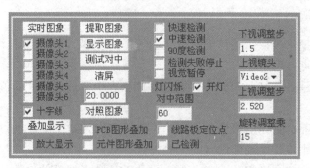

图 5-18　计算机视觉对中

（1）实时图像：开启或关闭所有摄像头，默认是开启的。

（2）十字线：显示屏幕中心的十字。

（3）提取图像：保存框选的摄像头图像于 Parts 文件夹中。

（4）对照图像：调整 PCB 文件图和实际图像的比例。

（5）对中范围：上视摄像头 2 执行光学对中的范围。

（6）快速检测、中速检测：表示对中速度。快速适用于电阻电容和简单的 IC；中速适用于 BGA 以及类似的元器件。

（7）线路板定位点：是否开启检测线路板参考点功能。

（8）已检测：如果线路板参考点已被检测，那么该复选框会被自动选中，当该复选框没有被选中，那么线路板定位点检测将会自动执行。

（9）下视调整步：表示下视摄像头执行对中时微调的步数，当这个值设置过高时，微调将无法对准。当这个值设定过低时，微调将会反复执行。一般设定为 5.5。

（10）上视调整步：定义在 X、Y 方向上视摄像头自动调整参数。一般设定为 2.5。

（11）旋转调整乘数：定义旋转角度参数，一般设定为 5 的倍数，如 5、10、15 等，最小值为 5。

（12）以下 3 种情况选用计算机视觉对中系统。

① 从进料器上吸取元器件（摄像头 1）。

② BGA 以及较小的芯片（摄像头 2）。

③ 元器件贴放在 PCB 上（摄像头 1）。

①和②情况出现在进料器列表视窗，③出现在元器件列表视窗。

如在贴装设置视窗勾选了"视觉"栏，则摄像头将在贴片前根据之前所拍图片的照片（Mask）文件，自动找准所贴位置。

（13）计算机视觉系统是通过照片进行识别和对准的。照片（Mask）文件可通过以下方式获得。

① 移动摄像头 1 到进料器或者 PCB 设定位置，如图 5-19 所示。

② 吸取一个元器件后移动到摄像头 2，如图 5-20 所示。

③ 移动调整该元器件到摄像头 2 中心。

④ 取消勾选"点击移动"（如果放大显示视窗打开，勾选将自动取消）。

⑤ 单击"实时图像"要选项目，从要选项目左上角向右下角拖动出一个长方形框，令

其包含所选项目，如该框过大或过小，可重新设定。

图 5-19　摄像头 1 下视 PCB 元器件焊点图

图 5-20　摄像头 2 上视 QFP 芯片图

⑥ 手动微调摄像头中心，使其精确对准元器件中心。

⑦ 单击"提取图像"按钮，拍下照片并保存在 Parts 文件夹中，文件名任意。

⑧ 所照图像自动弹出。

（14）计算机视觉系统的检测方法。

① 移动贴片头到要检测的元器件附近。

② 单击"测试对中"按钮，选择该元器件模型图片。智能视觉系统就会自动调整原设定的 X、Y 以及旋转位置（旋转角度的调整只能通过上视摄像头进行）。

③ 光线对计算机识别系统起着非常重要的作用，因此在贴片机运行的期间，尽量保证相同的光线条件。不要对摄像头 1 和摄像头 2 使用过强的光照。如果计算机视觉系统不能找到 Home 点或其他元器件，需要重新照一张照片。

8．自动换头系统

Nozzle changer 视窗定义了自动换头系统的参数，如图 5-21 所示。

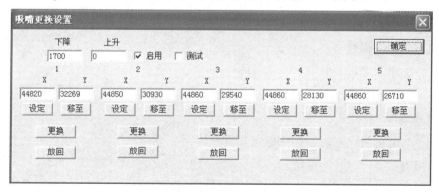

图 5-21　吸嘴更换设置

该自动换头系统可安装 5 个吸嘴。

（1）下降：Z 方向向下移动的距离。

（2）上升：Z 方向向上移动的距离。一般为 0 步。

（3）启用：选中该复选框，机器便执行自动换嘴，否则只能手动更换吸嘴。

（4）测试：使用该选项，整个换嘴过程会分为几阶段操作，可以避免撞坏吸嘴及吸嘴装置。

（5）X、Y：定义吸嘴换嘴坐标。

（6）设定：设定为当前 X、Y 值。

（7）移至：移动吸嘴到 X、Y 所定义的位置。

（8）更换：吸嘴装到吸笔上。

（9）放回：吸嘴放回换头支架上。

在指定的供料架视窗中，如果选择了自动换头程序，那么贴片机将自动执行换头功能。如果不想自动换嘴，可以选中"启用"复选框，贴片头会自动移动到吸嘴支架的中心位置，然后等待操作人员手动更换吸嘴。

9．简易操作规程

（1）打开设备电源、台式机电源。

（2）打开计算机上的设备使用软件，与机器连接。

（3）打开空气压缩机，设定设备压力值，使压力值在设备要求范围内。

（4）把实验所需元器件放置在喂料器上。

（5）在设备相应的位置放置喂料器并做好记录。

（6）把已经印刷焊锡膏的 PCB 板放置在传送带上进行传送，并在相应位置固定。

（7）在软件中对设备工艺参数进行设置。

（8）单击开始贴装。

（9）贴装完成后，在光学显微镜下观察贴装形貌。

（10）设备、计算机、空气压缩机关机。

5.2.4　仪器维护、保养与注意事项

1．仪器维护、保养

（1）定期用润滑剂润滑 X、Y、Z 轴的丝杠。

（2）定期检查两条 Y 轴是否平行。

2．注意事项

（1）先打开电源，再启动软件程序。

（2）所有的显示以步为单位。

（3）在贴片机工作区内，不要放置任何物体或元器件，以免阻挡或损坏吸嘴。

（4）当贴片机工作不正常时，立即按下急停键。

（5）当贴片机处于开机状态时，不得更换进料器。

（6）不要在贴片机所使用的计算机上安装其他软件。

5.3　回流焊炉操作规程

5.3.1　仪器的基本原理

回流焊是指通过重新熔化预先放置的焊料而形成焊点，在焊接过程中不需要再添加任何额外焊料的一种焊接方法。回流焊炉具有多组红外加热器，以热辐射的形式对 SMB 上涂布了焊锡膏并贴放元器件的 SMA 进行加热，使焊料熔化，进行焊接。

5.3.2　仪器的基本结构

回流焊炉主要由显示器、传送系统、红外加热系统、指示灯等组成。在设备内部主要有加热器、电动机、温控器等，如图 5-22 所示。

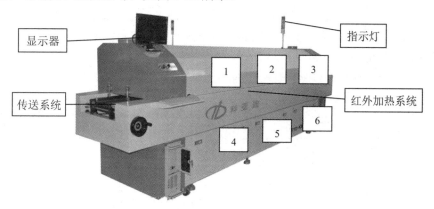

图 5-22　回流焊炉

温区 1、4（预热区）：温区 1、4 是预热区，设置温度约为 150℃，此区域用来预热 PCB 和提高焊料温度，使 SMA 平稳升温，焊料中的部分溶剂及时挥发，元器件尤其是 IC 元器件缓慢升温，以适应后面的高温。在温区 1 中，升温速率缓慢，使能量有足够时间向 PCB 板传导或辐射，令 PCB 快速达到热稳定平衡点。由于元器件的热应变影响，必须保证加温速率在 3℃/s 以内，否则有可能损坏热敏感的元器件。

温区 2、5（恒温区）：温区 2、5 是恒温区，也是慢速长温区，PCB 在这个温区的时间最长，经过预热区的快速预热，当 PCB 板在这些温区中通过时，PCB 的温度波动很小。在这种几乎恒温的环境下，焊料在这种温度的催化下，各种成分高效快速地发生各自的物理、化学变化，为 PCB 上焊料下一步的熔化、回流做充分的准备。

温区 3、6（回流区）：这两个温区代表焊接再流区，该温区的全热风加热系统或红外机的红外加热器给予 PCB 足够的能量，以便焊料熔化回流。一般地，该温区的温度预置值要高于其他温区，以便 PCB 形成再流。

5.3.3　仪器的操作规程

（1）打开机器控制面板上的总电源开关，如图 5-23 所示。按下绿色按钮，打开计算机。

图 5-23　机器控制面板

（2）打开设备软件，输入软件密码。

（3）设定实验参数，包含设备工作温度及运输速度，如图 5-24 所示。单击保存。

① 设置温区 1、4 温度，温区 1、4 是预热区，温度设置在 150℃左右。

② 设置温区 2、5 温度，温区 2、5 是恒温区，温度设置在 150±10℃。

③ 设置温区 4、6 温度，温区 3、6 是回流区，温度设置在 230℃左右。

（4）设定超温报警参数、温度上限和温度下限，以及实测温度高于或低于设定温度一定数值后开始报警的温度，如图 5-25 所示。

图 5-24　温区温度设定

图 5-25　超温报警参数设置

（5）打开操作面板，如图 5-26 所示。打开机器总电源后，机器自动开机。打开操作面板，通过单击每个按钮卜部的圆形按键或者一字型按键控制该按钮的"开""闭"。

（6）在设备曲线 1、2、3 插口处插入热电偶，并把热电偶另一端与 PCB 板相连接，如图 5-27 所示。

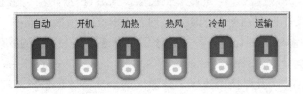

图 5-26　操作面板

图 5-27　热电偶插口

（7）观察升温界面，如图 5-28 所示。当炉腔内实际温度达到机器设定温度后，打开曲线测试界面，如图 5-29 所示。把 PCB 板放在回流焊炉的传送带上，开始传输，并单击曲线测试的"开始"按钮。

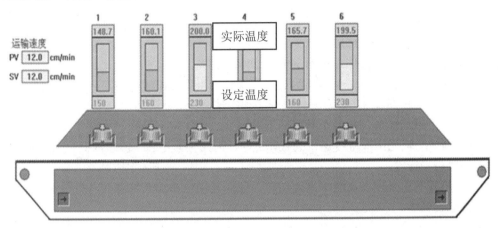

图 5-28　升温界面

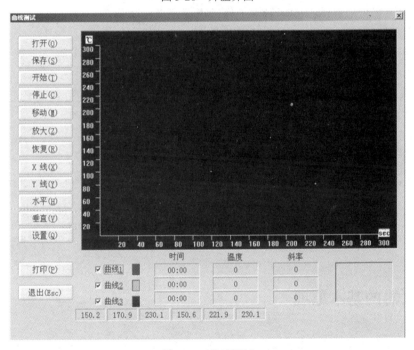

图 5-29　曲线测试

（8）观察曲线变化规律，并观察实际测试温度与设定温度的一致性。

（9）待 PCB 板经过冷却区，从回流焊炉中出来后，取下 PCB 板。

（10）从 PCB 板上取下热电偶，再从机器上拔下热电偶。此时热电偶温度较高，应防止人员烫伤。

（11）关闭操作面板上所有的开关，机器空机运行 15min 左右后，自动关机。

5.3.4　仪器维护、保养与注意事项

1．仪器维护、保养

（1）环境温度：工作环境温度为 5～40℃。

（2）相对湿度：工作环境相对湿度为 20%～95%。

（3）在使用过程中应避免过高的湿度、振动、压力及机械冲击。

（4）使用三相四线 380V 电源，电源必须接地。

（5）润滑驱动滚链，每两个月用高温滑油（二硫化钼）涂抹。

（6）当随动辊无法维持传送带的张紧度时，清洁张紧滑轨，再通过调整随动辊附近的顶丝调整轨道平行度。

（7）机器马达长期在高温下高速运转，应向其轴轮添加高温滑油，每周不少于两次，以保持其运转畅通。

2．注意事项

（1）回流焊机应在洁净的环境中工作，以保证焊接质量。

（2）不要在露天、高温多湿的环境下使用、存放机器。

（3）不要将机器安装在电、磁干扰源附近。

（4）检修机器时，关机并切断电源，以防触电或造成短路。

（5）机器移动后，需要对各部件进行检查，特别是传输网带的位置，不能使其卡住或脱落。

（6）在使用时，不可将工件以外的东西放入机内。

（7）在操作过程中注意高温，避免烫伤。

（8）设备使用完取下热电偶时，要注意热电偶的温度较高，应防止人员烫伤。

5.4　BGA 返修机操作规程

5.4.1　仪器的基本原理

BGA 返修机主要用于焊接不良的 BGA 的返修，通过热风头和贴装头一体化设计，采用机器上下热风以及红外加热，控制温区的加热时间及温度，实现 BGA 芯片的自动拆焊功能以及自动焊接功能。

5.4.2　仪器的基本结构

BGA 返修机主要由 PCB 托板、X-Y-Z 向调节轮、上下风头、喷嘴、触摸屏、光学对位

系统等组成，如图 5-30 所示。

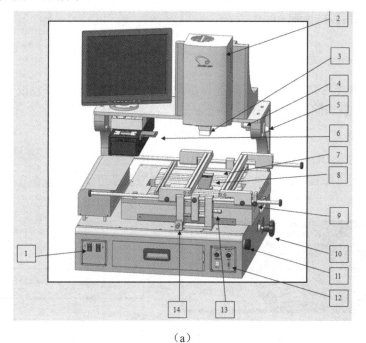

（a）

（b）

1—底部发热管控制开关；2—上部风头；3—上部喷嘴；4—激光灯；5—照明灯；6—料模；
7—底部发热管；8—下部风头；9—快速夹板旋钮；10—下部风头上下调节旋钮；11—急停开关；
12—上下光源调节、测温接口和 USB 接口；13—X 向调节旋钮；14—Y 向调节旋钮；
15—角度调节轮；16—托板固定旋钮；17—PCB 夹板装置定位旋钮；18—触摸屏；19—电源开关；
20—冷却风扇；21—PCB 托板；22—光学对位系统；23—显示器

图 5-30　BGA 返修机

5.4.3 仪器的操作规程

1. 烘烤

在返修前,首先将 PCB 和 BGA 放在恒温烘箱中烘烤,烘烤温度一般设定为 80~100℃,时间为 8~20h,以去除 PCB 和 BGA 内部的潮气,避免返修加热时发生爆裂现象。

2. 夹板

(1) 选择适合 BGA 大小的上部喷嘴和下部喷嘴。

(2) 安装上部喷嘴于上部风头,可根据 BGA 位置角度调节,安装下部喷嘴于下部风头,下部喷嘴可通过下部风头的上下调节旋钮调节高度,如图 5-31 所示。

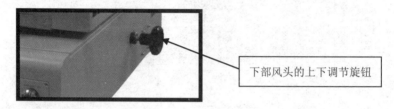

下部风头的上下调节旋钮

图 5-31 调节旋钮

(3) 调节 PCB 夹板装置和 PCB 底部支撑条,装 PCB 板前将左右两边 PCB 夹板装置和 PCB 底部支撑条靠近,向上旋起底部支撑顶柱(可根据 PCB 大小移动到相应位置),使其顶部平面与 PCB 托板卡槽台阶平面的高度保持一致(避免加热时 PCB 板底部无支撑时发生变形)。

(4) 将 PCB 放置在底部支撑条上,使 BGA 中心、上部喷嘴中心及下部喷嘴中心保持一致,调节 PCB 夹板装置,使 PCB 板两边放在 PCB 夹板装置的定位台阶上,锁紧 PCB 夹板装置定位机构。

(5) 调整 PCB 板 X 向和 Y 向的位置,使 BGA 边沿均在上部喷嘴内,再将 PCB 夹板装置定位机构锁紧,如图 5-32 所示。

底部支撑顶柱

卡槽

底部支撑条

Y 向调节旋钮

X 向调节旋钮

图 5-32 PCB 定位

(6) 激光对中:打开激光灯电源,将激光点设在下部喷嘴的中心位置,每次装板时只需将返修板上的 BGA 中心位置对应在激光点，此时 BGA 焊盘已对应在下部喷嘴，再将板夹好即可。

🔊 注意：

合格的装夹为整块 PCB 板位于底部红外发热板范围之内，使 PCB 板可以均匀预热。上部喷嘴大小刚好能够罩住 BGA，使其能够均匀受热，上部喷嘴、下部喷嘴和 BGA 这三者的中心位置基本重合。观察 PCB 板下部，能够看见支撑顶柱能支撑到 PCB 板的下表面，下部喷嘴能支撑到 PCB 板的下表面。

3. 在设备左侧，有设备开关，扳动开关，开机

4. 设置合适的温度曲线

（1）在操作模式下，单击触摸屏上的"曲线参数"和"曲线选择"按钮，选择"无铅参考"（在实验进行前，应确定钎料种类为有铅还是无铅。当对钎料种类不明确时，直接选取无铅参考模式即可），如图 5-33 所示。

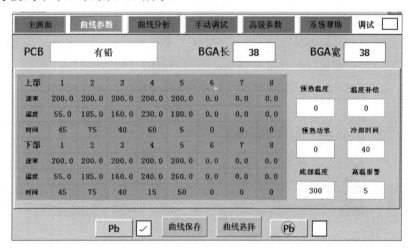

图 5-33　有铅温度曲线设置

一定要注意曲线右上角是否出现"圆圈 T"字样，应避免其出现。若出现，表明喷嘴感应反馈失灵，则应调节喷嘴角度调节旋钮，使其消失。因为在芯片对位过程中，虽可以使用喷嘴上部的角度调节旋钮调节喷头角度，但是不宜拧至满量程，否则会锁紧喷嘴，使喷嘴感应不到何时碰触到芯片，因而无法反馈准确信号。

图 5-33 中部分参数说明如下。

❑　PCB：描述 PCB 板型号，曲线代码。

❑　BGA 长、BGA 宽：描述 BGA 的实际尺寸。

❑　速率：代表升温速率。

❑　温度：代表恒温温度。

❑　时间：代表恒温时间。

❑　曲线选择：进入选择曲线画面。

❑　数字 1～8：分别代表各阶段的温度曲线参数。

（2）温区曲线参数设置。如图 5-34 所示，从此面板可以看出，该机器温度曲线共有 8 段，通常情况下设置 5 段。根据 BGA 产品设置温度曲线，主要包含预热区、升温区、恒温区、融焊区、回焊区。

曲线参数界面

曲线选择界面

图 5-34　温区曲线参数设置

注意：

① 上部。上方喷嘴的加热温度及时间；② 下部。下部加热螺栓的加热温度及时间；③ 底部。加热网面的加热温度及时间；④ 速率。单位为℃/s；⑤ 温度。加热时所要达到的理论设定温度；⑥ 时间。理论设定温度下保温的时间，如图 5-35 所示。

图 5-35　上部喷嘴、下部加热螺栓及加热网面

5. 拆卸

（1）按夹板方法将 PCB 板夹好后，将测温接口上的热电耦丝插在 BGA 芯片底部与 PCB 板之间的焊点空隙处。

（2）按住触摸屏上的"下降"键，将热风头下降到加热位置。按"主画面"下的"拆卸"键，系统会自动按设定好的温度曲线运行。

（3）加热结束后，系统自动下降，当吸嘴接触 BGA 芯片后，内部会产生真空，从而吸起 BGA 芯片，热风头上升，下方通风口自动吹冷风冷却。

（4）待冷却结束（上部、底部的温度均下降到 50℃以下）后，可将 PCB 板从定位架上平稳取走，同时取消真空，将拆下的 BGA 从吸嘴上取走即可。

（5）按经验调整理论值。

触摸屏上右方绿框中"加热"处显示已加热时间，当实际加热过程进行完毕系统测得的温度尚未达到所设定的理论最大值时，可以手动延长保温时间。单击"调试模式"，在调试模式下手动延长此模式程序中的保温时间。

6. 清理焊盘

当 BGA 从 PCB 板上拆下后，务必在较短时间内清理 PCB 和 BGA 的焊盘，此时 PCB 和 BGA 还未完全冷却，温差对焊盘的损伤较小，如图 5-36 所示。

（a）用毛刷涂助焊剂

（b）电烙铁直接拖平

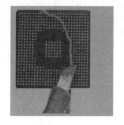
（c）用电烙铁压吸锡线拖平

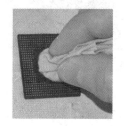
（d）清洗焊盘

图 5-36　焊盘清理过程

（1）在拆卸下的 BGA 芯片底部的焊球上涂抹助焊剂。

（2）将电烙铁加热升温至 370℃（无铅）/320℃（有铅）。

（3）用电烙铁将 BGA 上残留的焊锡拖干净。

（4）用电烙铁压住吸锡线，拖平 BGA 焊盘，确保 BGA 上焊盘平整、干净。

（5）清洗焊盘。为了保证 BGA 的焊接可靠性，在清洗焊盘残留焊膏时应尽量使用一些挥发性强的溶剂，如洗板水、工业酒精等。

7. BGA 植球

（1）选择与 BGA 配套的植球钢网、锡球、植球台，将 BGA 植球钢网放置在定位框与上盖之间，然后用螺丝锁住钢网，如图 5-37 所示（为了钢网可微调，暂不要锁紧，使钢网可以移动）。

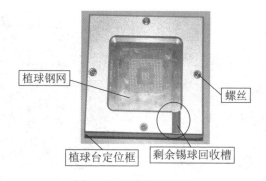

图 5-37　固定植球钢网

（2）在 BGA 焊盘上均匀刷涂适量助焊剂，如图 5-38 所示。将 BGA 放置在植球台上 4 块定位块的定位台阶面上，调节定位块使 BGA 四角在植球台的对角线上，确保 BGA 在植球台的中心位置，如图 5-39 所示。旋紧定位块螺丝，固定四块定位块，使 BGA 得以定位。

图 5-38　在 BGA 上涂覆助焊剂

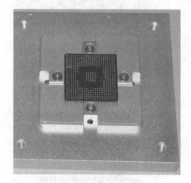

图 5-39　固定 BGA 在植球台上

（3）将带有 BGA 植球钢网的定位框和上盖放置在下模座上面，移动植球钢网使其上的孔能与 BGA 焊盘完全重合。如果此方法达不到锡球与钢网孔的对应（注意观察偏差在哪边，方便调动），取下定位框和上盖，松开定位块螺丝，调整 BGA 位置，然后锁紧 BGA，放上刚才取下的定位框和上盖，检查钢网上的孔是否与 BGA 焊点重合。确认达到要求后，锁紧上盖与定位框的螺丝，固定钢网位置，反之，可微调钢网对应后再锁紧螺丝，如图 5-40 所示。

（4）调整 BGA 焊盘和植球钢网之间的高度差。通过调整植球台模座上螺丝的高度使 BGA 焊盘和植球钢网之间的高度间隙为 BGA 锡球直径的 2/3～3/4。确保每个钢网孔只能漏入一个锡球，且方便钢网的取出。

（5）检查已准备好的锡球是否符合要求，确认后往钢网上面加锡球，轻轻晃动植球台，让锡球滚动通过钢网孔掉到待植球的 BGA 焊盘上。检查无漏植的锡球后，将多余的锡球滚向一边，再取走植球台定位框以上部分（注意要倾斜放置，以免锡球从钢网小孔滚出），最后取走植球合格完成的 BGA（如果在这时发现有漏植锡球的 BGA，可用大小适中的镊子将锡球补上）。植球完成后，稍倾植球台，将多余的锡球在上盖的回收槽位置滚出，收集回瓶内，如图 5-41 所示。

图 5-40　钢网与 BGA 对位

图 5-41　钢网上面加锡球

（6）如需更换其他规格的 BGA 或锡球时，重复以上步骤（1）～（4）。

8．BGA 锡球焊接

（1）将植球完的 BGA 放在锡球焊接台的加热区上加热，将锡球焊接在 BGA 的焊盘上，设置温控表的焊接温度（有铅约 230℃，无铅约 250℃），如图 5-42 所示。

（2）参数设置好后，等待焊接台达到焊接温度，并保持恒温状态。

（3）将 BGA 放在加热台上面的高温布上，保持 10s（如有必要，可借助热风筒在上部辅助加热，注意风速与距离）。

（4）待 BGA 的锡球处于熔融状态且表面光亮，有明显液态感，锡球排列整齐，此时将 BGA 移至散热台，使其冷却，焊接完成，如图 5-43 所示。

图 5-42　焊接台加热　　　　　图 5-43　焊接完成后的 BGA 焊球

9．BGA 芯片与 PCB 板间焊接

（1）将 PCB 板夹在工作台上（此步骤与拆卸时的夹板步骤相同）。

（2）使用下部喷嘴上下调节旋钮，调节下部喷嘴高度，使加热螺栓与 PCB 板间留出一段空隙。

（3）使用定位机构加紧 PCB 板。

（4）激光对中。

① 打开激光灯电源。

② 使用 X 向调节旋钮和 Y 向调节旋钮，调节 PCB 板整体位置，使激光点处于待焊接位置的中心处（此步骤与拆卸时的激光对中步骤相同）。

（5）设置合适的温度曲线。

调用参数：打开触摸屏可视操作面板，单击"操作模式"，选择"曲线参数"→"曲线选择"→"有铅参考"或"无铅参考"→"读取"，或者根据焊料进行焊接曲线的参数设定。设定方法如"拆卸"过程。

调试参数：当需要使用自定义温度曲线进行芯片返修时，可以通过调试参数功能对拆卸、焊接温度曲线的各段参数进行自定义设定。

① 在主界面单击"调试模式"，输入密码。单击"曲线参数"，选择相应参数设置，输入所需数字即可。

🔊 **注意：**

温度曲线前三段的上部与下部的加热时间必须设定为相同的值。

② 若需要保存自定义参数或自定义曲线时，单击右上角的"调试"，选中之后方可单击"曲线保存"，从而保存自定义曲线，也可修改已有曲线参数。

③ 删除曲线：在"调试模式"下单击"曲线选择"，可进行指定曲线的选择和删除。

（6）更换喷嘴：以完全罩住 BGA 芯片为准，选取喷嘴尺寸。

（7）对位、吸料。

① 对位。

❏ 将 BGA 芯片背面（无焊盘的一面）向上，焊珠向下放置在对位模（左方载物台）上。

🔊 **注意：**

一定要将 BGA 芯片对准其载物台上坐标刻度的中心，使四边留出的空隙宽度相等，以便吸料时喷嘴的中心对准芯片中心。

❏ 光学系统对位。单击"主画面"→"对位"，待镜头移动到 PCB 板焊盘位置的正上方，屏幕上出现代表喷嘴轮廓的蓝色框，使用 X 向调节旋钮和 Y 向调节旋钮，调节 PCB 板整体位置，使 PCB 板上焊盘位置完全处于屏幕上的蓝框之内，精确定位 BGA 芯片位置（此步骤与拆卸时的对位步骤相同）。单击"系统复位"，使系统恢复原位

② 吸料：单击"吸料"，等待喷嘴将芯片吸上。若此时喷嘴吸取位置不准，则可重新对位吸取。用手点击"系统复位"，将手放在芯片下方，单击"真空"，放下芯片，用手接住，吸好芯片后，镜头移动到 BGA 芯片正下方位置，通过显示屏观察 PCB 板上焊盘与 BGA 芯片的相对位置。

❏ 蓝框与蓝点代表 BGA 芯片以及喷嘴轮廓；黄框与黄点代表 PCB 相应位置上的焊盘。

❏ 单击"摄像头控制"→"缩放+/-"，调整对象在屏幕上的大小，使 PCB 焊盘与 BGA 芯片图像完整且充满整个屏幕。

❏ 单击"摄像头控制"→"微调+/-"，调整焦距，同时配合触摸屏上的"上升"与"下降"键，上下微调热风头位置，使黄色对象和蓝色对象均在屏幕上清晰显示。

❏ 通过调节 X 向调节旋钮和 Y 向调节旋钮，使黄色对象和蓝色对象的图像完全重合，完成 PCB 焊盘与 BGA 芯片之间的精确对位。

（8）焊接。

确认 PCB 焊盘与 BGA 芯片完全重合后，单击"焊接"按钮。光学系统自动回到原点，上部风头下降进行贴装，并自动进行焊接。

系统会自动按设定好的温度曲线运行。开始加热时系统响一声，加热结束时系统响两声，随时间推移曲线向前延伸，其中蓝色曲线是理论温度值，红色曲线是实际温度值。

（9）加热结束后，热风头自动上升，下方通风口自动吹冷风冷却。

（10）确定 BGA 芯片是否焊接牢固。若焊接牢固，则整个返修过程结束；若出现虚焊或者空焊，则需重新重复拆卸→清洗→焊接过程。

10．关机

所有返修过程结束后，等待系统降温。必须等待触摸板上显示的上部温度、下部温度以及底部温度均下降到 50℃以下时，方可关机。

5.4.4　仪器维护、保养与注意事项

1．仪器维护、保养

（1）整机外观清洁保养。

用干抹布或气管将机器表面的灰尘去除，然后用工业酒精擦洗机器非发热元器件的污渍。

用干布或砂纸清洁发热板。注意一定要等到发热板完全冷却后才能清理，否则会弄脏发热板。

（2）风扇清洁保养。包括上部热风头风扇、镜头排风扇、冷却风扇和后面板机箱排风扇。要求一周进行一次清洁保养（可用气管吹或用抹布擦）。

（3）对位镜头的清洁保养。上、下光源的镜片必须保持光亮，否则会直接影响图像的清晰度，可用干净的抹布沾少许工业酒精对其进行清洁。

（4）定时对上、下加热器的温度进行检测与调校。

2．注意事项

（1）打开 BGA 返修机电源开关后，首先应检查上、下部喷嘴是否有冷风吹出，若无风吹出，严禁启动加热，否则可能烧毁加热器。

（2）返修不同的 BGA，可设定不同的温度曲线段。采用无铅返修时，可根据 BGA 锡球的焊接温度曲线参考设定。

（3）BGA 安装前，必须逐片检查 PCB 板焊盘和 BGA 锡球是否良好。BGA 焊接后须逐片进行外观检查，如发现异常，应停止安装 BGA 并检测温度，待调整正常后方可进行焊接，否则可能会批量损坏 BGA 或 PCB 板。

（4）机器表面须定时清洁，特别是要保持红外线发热管及防护网表面的清洁，防止污物积留在上面而影响正常的热量辐射，导致焊接质量下降并明显缩短红外发热体的使用寿命。

（5）不得用液体擦红外发热管，红外发热管上的顽固污物可用细砂纸打磨掉。

（6）工作时不要用电扇或其他设备对 BGA 返修机吹风，否则会导致加热器异常升温，烧坏工件。

（7）开机后，高温发热区不能直接接触任何物体，否则可能会引起物品的烧毁，待加工的 PCB 板应放在 PCB 板支撑架上。

（8）工作时禁止用手触摸发热区，否则容易烫伤。

（9）工作时禁止在返修机附近使用易燃物，以免发生火灾。

（10）禁止在未断电时取下电箱面板或盖板，电箱中有高压部件，可能会引起电击。

（11）在工作中如有金属物体或液体落入返修机，须立即断开电源，待机器冷却后，再彻底清除落物、污垢。如留有污垢，重新开机工作时可能会发出异味。

（12）系统如长时间不开机（大于 3 天），PLC 中电池的电量可能耗尽，导致参数清零。此时请重新设置或下载参数。也可定时开机，以防数据清零。

（13）为延长本机发热芯的寿命，请勿在加热过程中突然断电或关机。